高等职业教育土木建筑类专业新形态教材

BIM 建筑施工图设计

主　编　曹艺凡　潘　娟　王　旭
副主编　熊　贝　王仪萍　刘金为
参　编　马　捷　倪　珂　赵月苑　李　益
　　　　袁有无　胡煜超　贾郅彬
主　审　徐晓军

U0234148

北京理工大学出版社
BEIJING INSTITUTE OF TECHNOLOGY PRESS

内 容 提 要

本书是以一所高校"教学楼"实际工程为载体的项目驱动式教材。全书分4个模块（项目准备、施工图阶段 BIM模型设计、建筑施工图设计、图纸布局与出图）共11个项目，具体包括：项目认知、项目创建准备、主体建筑模型创建、场地环境深化设计、建筑施工图制图准备、建筑总平面图设计、建筑平面图设计、建筑立面图设计、建筑剖面图设计、详图设计及设计说明、布置与打印出图。对于施工图设计中需要重点注意的内容和软件使用技巧，本书根据各模块内容都做了重点标示。本书配套有各个项目的知识清单、教学视频，以及教学项目的方案阶段图纸、施工图阶段的完整BIM模型和图纸资源。

本书可作为高等院校建筑施工图设计课程配套教材，也可作为建筑设计人员的自学用书。

版权专有　侵权必究

图书在版编目（CIP）数据

BIM建筑施工图设计 / 曹艺凡，潘娟，王旭主编. --
北京：北京理工大学出版社，2023.8
　　ISBN 978-7-5763-2776-2

Ⅰ. ①B⋯　Ⅱ. ①曹⋯ ②潘⋯ ③王⋯　Ⅲ. ①建筑制
图—教材　Ⅳ. ①TU204.2

中国国家版本馆CIP数据核字（2023）第159042号

出版发行 / 北京理工大学出版社有限责任公司
社　　址 / 北京市丰台区四合庄路 6 号院
邮　　编 / 100070
电　　话 / （010）68914775（总编室）
　　　　　（010）82562903（教材售后服务热线）
　　　　　（010）68944723（其他图书服务热线）
网　　址 / http：//www.bitpress.com.cn
经　　销 / 全国各地新华书店
印　　刷 / 河北鑫彩博图印刷有限公司
开　　本 / 787 毫米 × 1092 毫米　1/16
印　　张 / 13.5
字　　数 / 309 千字
版　　次 / 2023 年 8 月第 1 版　2023 年 8 月第 1 次印刷
定　　价 / 49.00 元

责任编辑 / 钟
文案编辑 / 钟
责任校对 / 周瑞
责任印制 / 王美

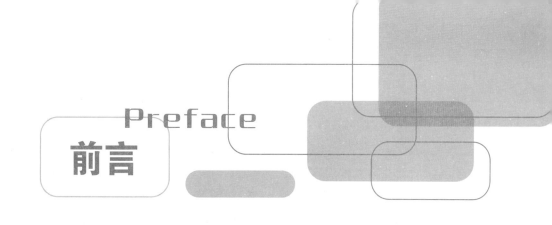

Preface

前言

党的二十大报告指出："坚持以人民为中心发展教育，加快建设高质量教育体系"，"深化教育领域综合改革，加强教材建设和管理"，"推进教育数字化"。本书为活页&工作手册式新形态教材，符合新课程理念，突出"以学生为中心"的指导路线；更加注重对数字化资源的高效利用，包括二维码、微课视频、AR技术、在线开放课程等。结合在线资源平台，使用者可以扫描书中二维码获取书中配备的全部项目图纸、模型、族文件等资料，以及微课教学视频，实现随时随地学习。本书积极响应建筑产业信息化、现代化建设，制定各模块"技能考核要点"，实现向专业技能的转化，让学生从学校到企业顺利过渡，呼应党的二十大报告中"推进职普融通、产教融合、科教融汇"精神。

"BIM建筑施工图设计"是建筑设计专业核心课程，教学对象为建筑设计专业高年级学生，教学内容和教学设计都紧密结合后续的毕业设计和就业。本书根据建筑设计工作逻辑和学生的认知规律，引用项目教学法理念，以"教学楼"项目为载体，以工作任务为驱动来编写主要内容。全书共分为44个工作任务，让学生边做边学，对施工图的理论和应用知识进行渗透性的学习，力求使学生通过本书的学习，能使用BIM（Revit）软件结合国内的规范标准构建建筑体系，掌握建筑施工图设计的设计思路、绘制方法、工作流程和技巧，在加强学习新知识、新技能的同时，以多样化的策略完成学习任务，提高学生在实践第一线解决实际问题的能力。

全书共分为4个模块，包含11个项目，通过Revit模型搭建，结合设计和构造基础知识深化图纸来完成全套建筑施工图的绘制。本书模块一简单介绍了建筑施工图的基础知识，以及本次教学项目的基本概况，包括项目一项目认知。模块二为施工图阶段的Revit建筑模型的构建，主要包括项目二项目创建准备、项目三主体建筑模型创建和项目四场地环境深化设计。模块三为建筑施工图设计，包括项目五建筑施工图制图准备，项目六建筑总平面图设计，项目七～项目九分述建筑平面图、建筑立面图、建筑剖面图的施工图设计要求、图示内容和方法，并对常见问题和Revit软件技巧做了重点标示，项目十建筑详图设计及设计说明，分别介绍局部放大平面详图、墙身详图、节点详图和门窗详图的设计内容、操作方法和设计说明编写。模块四为图纸布局与出图打印方面的知识和技巧，同时讲解了施工图的审查要点，包括项目十一布置与打印出图。

本书由曹艺凡、潘娟、王旭担任主编。具体编写人员分工如下：思政故事（匠人艺语）

和项目一由王旭编写，项目二～项目四由潘娟编写，项目六～项目十由曹艺凡编写，项目五、项目十一由熊贝编写，另外刘金为参与前期项目准备阶段的部分编写工作，王仪萍、李益参与施工图阶段 BIM 模型设计及相关 BIM 族创建，马捷、倪珂、赵月苑、袁有无、胡煜超、贾郐彬协助整理建筑施工图图纸，以及相关案例、规范。本书编写过程中，重庆大学建筑规划设计研究总院有限公司众藤设计院、上海侨迈建筑设计有限公司重庆分公司、上海方联技术服务公司提供大量项目案例参考及 BIM 相关技术支持。全书由重庆大学建筑规划设计研究总院有限公司众藤设计院副院长徐晓军主审。

本书在编写过程中参考了大量的文献资料和案例，在此向原作者及设计者表示诚挚的敬意和谢意。由于编者水平有限，书中难免存在疏漏之处，欢迎通过邮箱（2475012496@qq.com）与我们联系，帮助我们改正提高。

编　者

目录

Contents

模块三 建筑施工图设计

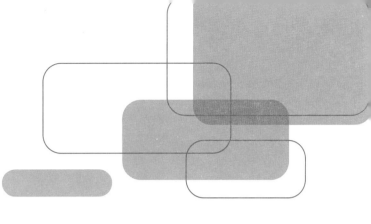

Contents

模块一
项目准备

■ 项目一　项目认知

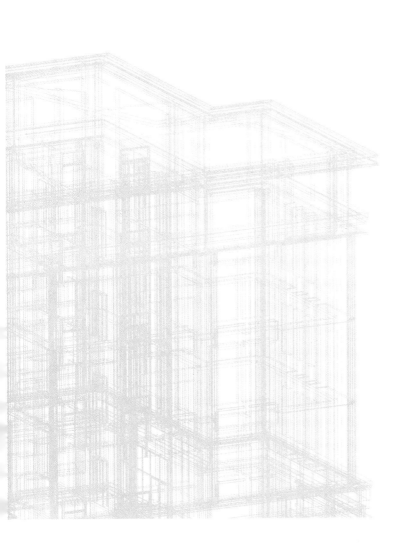

项目一

项目认知

知识目标

1. 了解施工图设计的基本知识和程序；
2. 建立对项目任务的基本认识；
3. 掌握施工图设计的概念和内容；
4. 了解 BIM 施工图设计的趋势。

能力目标

1. 能运用 CAD 软件，获得本项目的概况数据；
2. 能读懂图纸，获得任务项目的节能设计概况；
3. 能读懂图纸，获得任务项目的节能构造设计。

素质目标

1. 通过学习，了解我国建筑行业在 BIM 技术与绿色建筑方面的发展，体会我国建筑科技的日新月异与开拓精神，知晓现代建筑中很多绿色节能技术源自我国传统的"天人和谐"思想，品味传统绿色建筑底蕴，弘扬文化自信，树立民族自豪感。

2. 通过小组合作，完成图纸的识读与项目概况的获取，培养学生发现问题、分析问题和解决问题的能力、沟通能力和团队合作精神。通过任务验收、展示、评分，培养学生精益求精的鲁班精神、诚信踏实的劳动态度，增强学生的职业荣誉感。

世界技术，BIM优势，中国建造

卢赛尔体育场是2022年卡塔尔世界杯主场馆，占地面积为100万平方米，建筑面积为18万平方米，因为世界杯而走红并受到世界各国人民的喜爱和关注，它是由中国铁建国际集团承建的首个世界杯主体育场（图1-1）。

图1-1　卢赛尔体育场

党的二十大报告中对我国外交的定位是"中国坚持对外开放的基本国策，坚定奉行互利共赢的开放战略，不断以中国新发展为世界提供新机遇，推动建设开放型世界经济，更好惠及各国人民。"卢赛尔体育场正是"中国愿加大对全球发展合作的资源投入，致力于缩小南北差距，坚定支持和帮助广大发展中国家加快发展"的友谊见证。

场馆由中国、英国等设计团队共同负责设计，整个设计过程充分采用BIM技术。屋顶的索膜结构几何尺度巨大、造型非常复杂，更被中国工程院院士称为"世界上最复杂的索膜结构体系"，并且连续4次获得国内BIM大赛的奖项。

本项目中BIM技术的创新与应用，不仅为节约项目成本、加快施工进度和提高工程质量带来了直接帮助，更充分优化了整个项目的管理模式和协作方式。卢赛尔体育场已成为融合多项新技术的空间设计和智能建造的最佳实践案例，填补了国内企业在这一领域的空白，为中国企业的BIM国际化树立了典范。

卡塔尔世界杯圆满落幕了，我们国家的基建水平也在BIM技术的加持下更加强大，从设计到施工，中国企业提供了全产业链的中国方案、中国产品和中国技术，并获得了世界人民的认可与赞许。

任务一　建筑施工图涉及的基础知识

一、建筑施工图的概念和分类

1. 建筑施工图的概念

建筑施工图是表达建筑物的外部形状、内部布置、内外装修、构造及施工要求的工程图样，是依据正投影原理和国家有关建筑制图标准以及建筑行业的习惯表达方法绘制的，是房屋施工时定位放线、砌筑墙身、制作楼梯、安装门窗、固定设施及室内外装饰的主要依据，也是编制建筑工程概预算、施工组织设计和工程验收等的重要技术依据。

2. 建筑施工图的分类

建筑施工图按专业划分，由建筑、结构、给水排水、采暖通风和电气几个专业图纸组成。图纸内容包括封面、图纸目录、设计总说明、建筑施工图、结构施工图和设备施工图等，而各专业图纸又分为基本图纸和详图两部分。

基本图纸表明全局性的内容，详图则表明局部或某一构件的详细做法和尺寸。

二、建筑施工图的内容

建筑施工图简称"建施"。一个工程的建筑施工图要按内容的主次关系依次编排成册，通常以建筑施工图的简称加图纸的顺序号作为建筑施工图的图号，如建施—01、建施—02（不同地区、不同设计单位的叫法不尽相同）。一套完整的建筑施工图包括以下主要内容：

（1）图纸首页：包括图纸目录、设计说明、经济技术指标及选用的标准图集门窗表等。

（2）建筑总平面图：反映建筑物的规划位置、用地环境。

（3）建筑平面图：反映建筑物各层的平面形状、布局。

（4）建筑立面图：反映建筑物的外部形状、立面装修及其做法。

（5）建筑剖面图：反映建筑物各部分的高度、层数、建筑空间的组合利用情况。

（6）建筑详图：反映建筑细节的设计和构造处理。

点睛

　　施工图的绘制是投影理论、图示方法及有关专业知识的综合应用。因此，要读懂施工图纸的内容，必须做好下面一些准备工作：

　　（1）应掌握作投影图的原理以及形体的各种表示方法。

　　（2）要熟识施工图中常用的图例、符号、线型、尺寸和比例的意义。

教学视频：建筑施工图涉及的基础知识

任务二　BIM 施工图设计优势

Revit Architecture 软件是 Autodesk 公司 BIM（Building Information Model，建筑信息模型）系列软件的全新升级产品，旨在增进 BIM 流程在行业中的应用。它以三维设计为基础理念，直接采用工程实际的墙体、门窗、楼板、楼梯、屋顶等构件作为命令对象，快速创建出项目的三维虚拟 BIM 建筑模型，而且在创建三维建筑模型的同时自动生成所有的平面、立面、剖面和明细表等视图，建筑师可以做到在任何时候、任何地方对项目设计做任意的修改，所有的视图及构件明细表之间、各种构件之间都是互相关联、自动更新的，真正实现了"一处修改、处处更新"。使用 Revit Architecture 做施工图设计，打破了传统的二维设计中平面图、立面图、剖面图各自独立互不相关的协作模式，从而节省了大量的绘制与处理图纸的时间，让建筑师的精力能真正放在设计上而不是绘图上，从而极大地提升了设计质量和设计效率。

在施工图阶段，对施作问题借由 BIM 模型与业主、施工单位进行有效讨论，做好施工管理，解决了传统上书面变更形式增加沟通时效的问题。另外，在施工图阶段，各个工种和系统协调也是一个重要程序，需要详细考虑和研究建筑、结构、给水排水、暖通、电气等各专业的技术方案，协调各专业的技术矛盾。以 BIM 为基础的碰撞检测工具可以选择性地检测指定系统间的碰撞，如建筑结构工程通过 BIM 模型干涉碰撞检查窗与梁的高程；机电与空调工程通过模型研究吊顶上层设备空间、管线高程及设备安装空间是否适宜等。BIM 还可以立即导出碰撞分析成果报告，以提早发现问题，优化设计。

根据课程要求，本次设计仅考虑建筑专业辅助施工图设计，为施工安装、工程预算、设备及构件的安放、制作等提供完整的模型和图纸依据。主要工作内容包括根据已批准的设计方案编制可供施工和安装使用的设计文件，解决施工中的技术设施、工艺做法、用料等问题。

点睛

BIM 技术相对于传统设计的优点如下：

（1）三维可视化设计：BIM 信息模型嵌入了与工程项目相关的几何与非几何等所有数据信息，各参建方可以随时随地从 BIM 信息模型中获取需要的时间、成本、进度、安全等所有信息，而且可视化模型可以随着 BIM 设计模型的修改而持续更新，保证可视化与设计过程的统一性。

（2）管线碰撞冲突检查：设计人员在管线综合设计时，利用 BIM 碰撞检查功能，将管线布置过程中可能遇到的问题点及早地反馈给业主，与施工方、顾问公司及时进行协调沟通，筛查项目施工过程中可能遇到的设备碰撞冲突，避免施工过程中的返工，减少工期的延误。

（3）优化设计成果：BIM 软件可以兼容大部分第三方仿真模拟软件，将 BIM 设计模型在仿真模拟软件中进行模拟，根据模拟与性能分析结果，逐步完善设计缺陷，提高建筑设计的精准性与合理性。

（4）施工图深化设计：结合 BIM 技术，在工程具体施工过程中对重难点施工工艺和节点施工详图制定专属技术方案，通过 BIM-4D 模拟，使施工人员快速理解施工意图，降低由于施工工法、工艺不明造成的工期延误和材料浪费。

（5）工程量统计：传统模式的算量过程基于二维 CAD 文件，算量过程与设计文件是两个独立的模块，算量过程机械且费时；而 BIM 具备快速提取工程量的属性，其 Revit 软件自身具有很强的自动提取明细表功能，将构件模型按各自属性进行分门别类汇总整理，与工程造价信息建立一一对应关系，协同工程量构件清单进行工程造价计算。

（6）BIM 设计文件交付：作为 BIM 设计的成果，可以选择用传统的 CAD 二维图纸交付，也可以按照合同要求选择二维图纸和 BIM 信息模型一并交付。当选择 BIM 信息模型交付时，在 BIM 设计文件交付过程中，应严格按照交付文件深度标准，对 BIM 成果交付的标准、内容、范围及交付深度一一核实。

教学视频：BIM 施工图设计优势

任务三　项目基础信息

任务清单 1-1　了解任务项目的基础信息

项目名称	任务清单内容
任务情境	建筑项目概况是指在介绍或论述某个项目时，首先综合性地简要介绍项目的基本情况。例如一个学校项目，它比一般项目概况的内容更全面，包括项目建设内容、地理位置、交通条件、气候环境、人文环境、建设规模、服务班级数量、服务学生数量、结构形式、耐火等级、绿建等级、使用年限等内容。 　　在任何的建筑模型建模工作开始之前，我们首先要对该项目有足够的认知与了解，这样才能找到建模的思路与方法
任务目标	学会识读设计说明中的项目基本信息
任务要求	根据任务情境，通过网络资源检索和学习，完成以下任务： （1）找到设计说明中项目的概况介绍； （2）完成项目概况信息收集整理
任务思考	项目概况中必须包含的内容有哪些?
任务实施	（1）打开项目的设计说明。 （2）找到设计说明中关于项目设计内容、范围及工程概况的部分。 （3）整理总结项目概况信息。
任务总结	通过完成上述任务，你学到了哪些关于识读建筑施工图设计说明的知识或技能?
实施人员	
任务点评	

点睛

主要经济技术指标如下：

（1）项目概况主要包括项目的名称、背景、宗旨的基本情况，开发项目的自然、经济、水文地质等基本条件，项目的规模、功能和主要技术经济指标等。

（2）建筑设计技术经济指标是指对设计方案的技术经济效果进行分析评价所采用的指标。这些指标可以有多种归类划分方式：

①按指标涉及的范围分，有综合指标与局部指标两种。前者是反映整个设计方案技术经济情况的指标，如总投资、单位生产能力投资、单方造价、总产值、总产量、总用地、总面积、投资效果系数、投资回收期等。后者反映设计方案某个部分或某个侧面的技术经济效果，如总平面布置、工艺设计、建筑单体设计中所采用的各项指标。

②按指标的表现形态分，有实物（使用价值）指标和货币（价值）指标两种。

③按指标的内容分，有建设指标和使用指标两种。

④按指标的性质分，有定性指标和定量指标两种。

做中学 学中做

一、填空题

1. 本项目为_____（所在城市）某所高校的_____（建筑的功能属性）设计。

2. 本项目的建筑面积：____ m²，建筑基底面积：____ m²，教室数：____ 个，学生人数：____ 人。

3. 本项目的地上建筑____层，地下建筑____层，计算建筑高度为____ m。

4. 本项目的主要结构类别为_____结构。

5. 本项目的抗震设防为____度，设计耐火等级为地上____级。

6. 本项目的设计使用年限为____年。

二、判断题

1. 在正确使用和正常维护的条件下，本项目的外墙外保温工程的使用年限应不少于0年。（   ）

2. 本项目的绿色建筑等级为基本级。（   ）

教学视频：项目概况　　　　知识链接：了解任务项目的基础信息

任务四　项目节能设计

任务清单 1-2　了解任务项目的节能设计

项目名称	任务清单内容
任务情境	"建筑节能设计"已经成为民用建筑设计中不可缺少的重要环节。建设主管部门做出规定，受委托的设计文件审图机构在审查建设项目施工图设计文件时，应当将建筑节能设计内容列入审查范围。设计单位递交审查的文件中，必须要有《节能设计计算书》，同时递交审查数据的光盘。 　　节能设计过程必须和其他设计工作一样，形成设计文档打印文稿和与审查系统接口的数据光盘。施工图建筑设计总说明要有节能设计专篇，便于设计校核，并要求进行专项审查。 　　节能设计也并非建筑专业能单独完成的，必须与暖通节能设计、能源系统运行和管理控制等专业和技术工种相配合才能形成完整的节能体系，达到节能的设计目的
任务目标	学会识读施工图中的节能设计信息
任务要求	请根据任务情境，通过网络资源检索和学习，完成以下任务： （1）熟悉本项目维护结构节能设计； （2）明确项目节能构造设计
任务实施	（1）本项目技能设计概况。 （2）墙体节能构造设计。

项目名称	任务清单内容
任务实施	（3）屋面节能构造设计。 （4）楼、地面节能构造设计。
任务总结	通过完成上述任务，你学到了哪些关于建筑节能设计的知识或技能？
实施人员	
任务点评	

点睛

节能设计涵盖的内容十分广泛，节能设计应该是整个节能体系共同作用的结果。

与建筑方案设计相似，为实现某一种建筑保温要求，可能采用的构造方案往往多种多样，设计中应本着因地制宜、因建筑制宜的原则，经比较分析后，选择一种最佳方案得以实施。

保温层的位置对围护结构的使用质量、造价、施工等都有很大影响。它有 3 种布置方式：保温层在承重层外侧、保温层在承重层内侧、保温层在承重结构层中间。

做中学 学中做

一、填空题

1. 本项目的节能计算软件为_____（软件名称）的_____（版本号）版。

2. 本项目的建筑分类为_____，_____类建筑，建筑物所处气候分区：_____地区。

3. 本项目的节能计算建筑层数为____层，节能计算建筑高度为____ m。

4. 本项目外墙保温材料采用燃烧性能____级的岩棉板（垂直纤维），屋面采用燃烧性能____级的难燃型挤塑聚苯板，不需设置防火隔离带。

5. 本工程外饰面材料为_____和_____。

6. 基层墙体应采用水泥砂浆找平，其抗拉粘结强度不应小于_____ MPa。

7. 有防火要求的房间门为钢制防火门，防火门耐火极限如下：甲级防火门：____小时，乙级防火门：____小时。

二、判断题

1. 本项目外墙、热桥采用 40 mm 岩棉板（垂直纤维），屋面采用 75 mm 难燃型挤塑聚苯板，经计算，热桥和屋面内表面温度均大于露点温度，不会发生结露。 （　　）

2. 本项目设置了活动外遮阳设备，但是没有设置屋顶绿化。 （　　）

3. 本项目节能设计文件编制依据既有国家、省市现行的相关建筑节能规范、图集，又有建筑部门相关批文。 （　　）

三、简答题

简述在节能节点构造详图中，种植平屋面的保温做法。（自下至上结构层及其厚度依次是多少？）

教学视频：建筑节能设计　　　知识链接：了解任务项目的节能设计

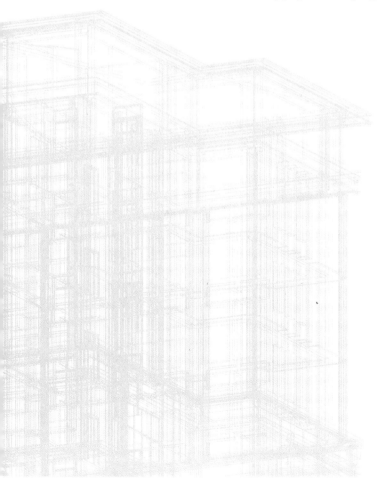

模块二
施工图阶段
BIM 模型设计

- 项目二　项目创建准备
- 项目三　主体建筑模型创建
- 项目四　场地环境深化设计

项目二

项目创建准备

1. 理解模型创建前选择合适样板的必要性；
2. 理解项目基点与测量点的区别与意义；
3. 学会项目信息设置的方法；
4. 学会项目定位的方法；
5. 学会模型创建中标高和轴网的创建方法。

1. 能运用所学知识对样板进行选择；
2. 能根据给定的项目信息，在新建项目中进行参数的设置；
3. 能根据给定的项目坐标，在 Revit 中进行精确的定位；
4. 能对创建的标高和轴网进行编辑，以满足制图和出图的标准要求。

1. "工欲善其事，必先利其器"，创建项目模型前，做好充足准备，树立大局观；
2. 培养学生专业协调、团队合作意识；
3. 培养学生工作严谨细致、认真负责的职业精神。

大国重器——北斗导航系统正式服务全球

众所周知，建筑轴线和高度的确定是为了帮助建设者确定建筑位置，是放线施工的重要保障。在日常生活和专业工作中，我们都会使用导航定位系统确定自己或建筑的坐标与位置。GPS（全球定位系统）和北斗导航都是大家熟知的导航定位系统，但是我国的北斗导航系统是在美国曾多次使用对我国关闭 GPS 的手段来限制我国的背景下发展起来的。

1993 年 7 月，我国的"银河号"货轮经印度洋驶往中东，美军以莫须有的"危险化学品"为由，用军机跟踪威胁我货轮返航。我国反驳了美军的无理要求，美国便直接关闭了我国"银河号"轮船的 GPS 导航信号，致其根本无法继续航行。虽然经济损失重大，但这份耻辱更是令人难以忘怀。

1996 年，我国在东南沿海一带举行军事演习，美军先是关闭了我军演习区域的 GPS 卫星定位信号，使我军的 GPS 定位系统失效，然后利用航母战斗群对我军演习区域进行强大的电磁干扰，使我军完全失去了对导弹的控制。这次演习事件不仅是我军的奇耻大辱，更把我军吓了一跳。

但这一切随着我国北斗全球卫星导航系统的建设成功都成为历史，我国的北斗导航定位系统已经完全不逊色甚至要优于美国的 GPS。党的二十大报告中指出："增强维护国家安全能力。加强海外安全保障能力建设，维护我国公民、法人在海外合法权益，维护海洋权益，坚定捍卫国家主权、安全、发展利益。"随着我国自主研发的北斗导航系统正式服务全球，在这一领域我国被他人辖制的局面终于一去不复返了！

任务一　新建项目

任务清单 2-1　选择项目样板

项目名称	任务清单内容
任务情境	你见过一个设计团队在提交最后成果时，因团队成员在各个分项任务的制作过程中没有固定的模板而生成各式各样的文本，从而无法汇总到一个体系的方案中，最后不得不返工的场景吗？ 　　因此，使用 Revit 建模前选择统一的样板文件就显得至关重要。其提供的视图样板、项目模型搭建所需的族及其他基本项目设置（如视图比例、可见性设置、项目单位等），可以使团队的工作流程化、标准化、有据可查、有据可依，能帮助 BIM 团队快速建立三维可视化模型，且能在多处细节达成统一，辅助团队协同工作。同时提供出图规范，保证质量。 　　成熟的项目样板及完备的族库，是体现一个 BIM 团队核心竞争力的关键所在，也是一个项目能够高效完成的重要保障
任务目标	应用指定的项目样板创建新的项目
任务要求	请根据任务情境，回顾所学内容或者通过网络搜索和学习，完成以下任务： （1）什么是项目样板？ （2）项目样板的类别有哪些？ （3）创建项目时样板怎么选择？
任务思考	如何把创建好的样板置入 Revit 软件？
任务实施	（1）概念。 ①项目的概念： ②项目样板的概念： （2）项目样板的类别。 ①构造样板：

项目名称	任务清单内容
任务实施	②建筑样板： ③结构样板： ④机械样板： （3）项目样板的选择。 ①打开指定的项目样板： ②更换项目样板在软件中的位置：
任务总结	通过完成上述任务，你学到了哪些知识或技能？
实施人员	
任务点评	

做中学 学中做

单选题

1. 项目的后缀名是（　　　）。

    A. .rte   B. .rvt   C. .rfa   D. .rft

2. 项目样板的后缀名是（　　　）。

    A. .rvt   B. .ret   C. .rte   D. .rfa

3. Revit 软件的默认文件放在计算机的（　　　）。

    A. C 盘   B. D 盘   C. 任意一个盘   D. 指定的盘

4. 下列关于项目样板说法错误的是（　　　）。

    A. 项目样板是 Revit 的工作基础

    B. 用户只可以使用系统自带的项目样板进行工作

    C. 项目样板包含族类型的设置

    D. 项目样板文件后缀名为 .rte

5. 以下哪些属于项目样板的设置内容？（　　　）

    A. 项目中构件和线的线样式及颜色

    B. 模型和注释构件的线宽

    C. 建模构件的材质，包括图像在渲染后看起来的效果

    D. 以上皆是

6. 新建视图样板时，默认的视图比例是（　　　）。

    A. 1∶10   B. 1∶50   C. 1∶100   D. 1∶1 000

教学视频：选择项目样板   知识链接：选择项目样板

任务清单 2-2　设置项目信息与保存项目

项目名称	任务清单内容
任务情境	对于刚刚进入土建专业的新生而言，学习标准的尺规制图是专业技能学习过程中最基础也是最重要的一个阶段，当拿着一幅线条分明、字体端正、卷面干净整洁、布图匀称美观的图纸，自信满满地交给老师时，突然迎来的可能是"嗯！画得不错，不过画的是啥？"这里的"画的是啥？"往往指的是本应在图框中填写图名、比例、时间、制图者等信息，而老师看到的完全是空白，因此不能给对方提供基本的有效信息。 同样的道理，创建 Revit 模型时也要设置基本的信息，就好比给建筑信息模型配置明信片，通过这张明信片我们可以清晰了解项目的基本参数。 当明信片制作完成后，如何保存完好也是一项重要的工作
任务目标	掌握项目信息设置的方法； 掌握项目样板文件保存成项目文件的技巧
任务要求	请你根据任务情境，查找课程中所建项目的基本信息，并完成新建项目中项目信息参数的设置
任务思考	保存文件时，除了主文件会保存外，为什么还会出现很多与项目文件同名的"文件＋编号"样式的文件呢？这个数量是否可以修改？
任务实施	（1）建筑信息模型的明信片制作。 （2）将样板文件转化成项目文件。
任务总结	通过完成上述任务，你能修改项目的基本信息吗？你可以把任意的一个 .rte 文件转成 .rvt 文件吗？
实施人员	
任务点评	

○○○
做中学 学中做

一、单选题

1. 项目信息在（　　　）选项卡里设置。

　　A. 分析　　　　　　　B. 视图　　　　　　　C. 管理　　　　　　　D. 修改

2. Revit 的备份文件，一般建议最大数范围是（　　　）。

　　A. 2～4　　　　　　　B. 3～5　　　　　　　C. 4～6　　　　　　　D. 5～7

3. Revit 文件保存间隔提醒时间最短为（　　　）分钟。

　　A. 10　　　　　　　　B. 15　　　　　　　　C. 20　　　　　　　　D. 30

二、简答题

如何使用提前做好的样板创建新的项目？

教学视频：设置项目信息与保存项目　　知识链接：设置项目信息与保存项目

任务二　项目定位

任务清单 2-3　在 Revit 软件中导入 CAD 图纸

项目名称	任务清单内容
任务情境	"工欲善其事，必先利其器"，在 Revit 建模时，往往需要进行 CAD 图纸的导入，再进行描图式的建模，以提高建模的速度。但导入图纸后，也常常会因为事先没有对图纸进行充分的处理，导致界面混乱，信息冗余，看着头晕眼花，影响效率。 处理图纸，让图纸导入后界面清爽，只保留有用的信息，去除没用的冗余信息，同时又最大限度地减小 CAD 文件的大小，提升软件运行速度
任务目标	掌握 CAD 图纸整理的方法。 掌握 CAD 文件导入 Revit 软件的方法
任务要求	通过网络搜索和学习，完成以下任务： （1）CAD 文件导入时单位选择； （2）CAD 文件导入时定位选择
任务思考	CAD 图纸导入前，需要做哪些准备工作？
任务实施	（1）CAD 图纸的整理。 （2）CAD 图纸的导入。
任务总结	通过完成上述任务，你学到了哪些知识或技能？
实施人员	
任务点评	

◎◎◎
做中学 学中做

一、单选题

1. CAD 中选择全部对象的快捷键是（　　　）。

    A. Alt+A   B. Ctrl+A

    C. Shift+A   D. Tab+A

2. 导入 Revit 时，要提前对 CAD 的完整块对象进行"炸开"，再清理图层。CAD 中"炸开"的快捷命令是（　　　）。

    A. Z   B. X

    C. B   D. T

3. CAD 中写块的命令是（　　　）。

    A. W   B. A

    C. B   D. K

4. CAD 中快速清理图层的快捷键是（　　　）。

    A. PA   B. PU

    C. TU   D. Tr

5. 在 Revit Building 中，以下关于"导入/链接"命令描述有错误的是（　　　）。

    A. 从其他 CAD 程序，包括 AutoCAD（DWG 和 DXF）和 MicroStation（DGN），导入或链接矢量数据

    B. 导入或链接图像（BMP、GIF 和 JPEG）时只能导入二维视图

    C. 将 Sketch Up（SKP）文件直接导入 Revit Building 体量或内建族

    D. 链接 Revit Building、Revit Structure 和/或 Revit Systems 模型

6. 导入场地生成地形的 DWG 文件必须具有（　　　）数据。

    A. 颜色   B. 图层

    C. 高程   D. 厚度

二、简答题

1. 在 Revit 中链接 CAD 与导入 CAD 有什么区别？

2. Revit 中导入的 CAD 文件看不见，你会怎么处理？

教学视频：导入 CAD 图纸

知识链接：在 Revit 中导入 CAD 图纸

任务清单 2-4　设置项目基点与测量点

项目名称	任务清单内容
任务情境	8D 魔幻重庆你来过吗？它的魔幻之处有很多，其中一项就是你以为你在一栋大楼的一楼，当走到楼层的对面才知道，其实你在 27 楼！当你上了一栋大楼的 27 楼，你才发现，原来你又在一楼平街层。还有渝中区的一个"立体加油站"，它依靠江边陡峭的山体而建，一楼加油站连接长江滨江路，楼顶加油站连接南区路。这就是重庆特殊的立体城市空间布局。 　　到底是 1 楼还是 27 楼，是一楼加油站还是楼顶加油站呢？那就要看站在哪个位置看。也就是每个人都会有一个以自身所在位置为原点的坐标系，来看楼层或者加油站的位置，如果两个人一开始没有把坐标系和原点对好，就会出乱子，引起不必要的争议。 　　我们在 Revit 中作图，涉及不同专业的协同，最终要合模，没有统一的一个固定的项目定位，将为后面的工作带来很多麻烦
任务目标	掌握运用项目基点定位的方法
任务要求	理解项目基点与测量点的区别
任务思考	为什么要对项目进行定位？
任务实施	（1）项目基点的修改。 （2）Revit 项目基点、测量点与 CAD 图纸中定位点对齐。

项目名称	任务清单内容
任务实施	（3）对 Revit 中的坐标点进行标注。
任务总结	通过完成上述任务，你学到了哪些知识或技能？
实施人员	
任务点评	

做中学 学中做

一、单选题

编辑高程点时"高程原点"参数设置不包括（　　）。

A. 相对 　　　　　　 B. 绝对 　　　　　　 C. 测量点 　　　　　　 D. 项目基点

二、简答题

项目基点与测量点有什么区别？

教学视频：设置项目基点与测量点　　　知识链接：设置项目基点与测量点

任务三　创建标高与轴网

任务清单 2-5　创建标高与轴网

项目名称	任务清单内容
任务情境	我们对一个完整项目进行定位，就是对所建模型中的各种图元进行定位。就好比我们建一个商场，首先商场位置在政府广场的东南角，那么商场的主入口开在哪个位置？它离路口的距离为多少合适呢？室内外地坪高差又设置为多少呢
任务目标	掌握标高的几种绘制方法； 掌握利用拾取线的方法绘制轴线； 掌握轴线的轴号位置对齐、显示的调整方法； 掌握轴线与标高线的相交处理方法
任务要求	请根据任务情境，通过网络搜索和学习，完成以下任务： （1）完成教学楼的标高绘制与编辑； （2）完成教学楼的轴网绘制与编辑
任务思考	如何调整以使轴网与标高显示合理、美观？
任务实施	（1）绘制标高并编辑。 （2）绘制轴网并编辑。

项目名称	任务清单内容
任务实施	（3）调整标高与轴网。 （4）进行尺寸标注。
任务总结	通过完成上述任务，你学到了哪些知识或技能？
实施人员	
任务点评	

做中学　学中做

一、单选题

1. Revit 中标高的快捷键是（　　　　）。

    A. AL   B. LL   C. AR   D. GR

2. Revit 中轴网的快捷键是（　　　　）。

    A. AL   B. GR   C. MM   D. TR

3. 一般在项目建模时，标高与轴网绘制的顺序是（　　　　）。

    A. 先标高后轴网   B. 先轴网后标高

    C. 两者同时绘制   D. 无所谓先后

4. 如何将临时尺寸标注更改为永久尺寸标注？（　　　　）

    A. 单击尺寸标注附近的尺寸标注符号   B. 双击临时尺寸符号

    C. 锁定   D. 无法互相更改

5. 不能给以下哪种图元设置高程点？（　　　　）

    A. 墙体   B. 门窗洞口   C. 线条   D. 轴网

二、简答题

复制和阵列创建的标高与直接绘制的标高有什么区别？

教学视频：标高轴网

知识链接：创建标高与轴网

项目三

主体建筑模型创建

1. 理解建筑设计中柱、梁结构的重要性；
2. 学会分析不同位置墙体的类型及构造的方法；
3. 理解创建门窗族的意义，并会根据项目需要创建不同的族类型；
4. 理解 Revit 模型中楼板的标高、边界位置的确定方法；
5. 学会核算楼梯疏散宽度及 Revit 中创建楼梯的方法；
6. 学会在 Revit 中创建满足相关规范要求的栏杆的方法；
7. 学会根据设计要求，在 Revit 创建外立面造型细节的方法。

能 力 目 标

1. 能看懂柱、梁的结构图，并根据布置进行三维模型创建；
2. 能对墙体特别是幕墙进行参数设置；
3. 能载入项目需要的门窗族，并可对其进行再编辑；
4. 能对楼板的边界进行灵活编辑；
5. 能对创建楼梯时的参数进行设计；
6. 能对栏杆扶手的参数进行设置。

素 质 目 标

1. 增强学生社会责任感和专业使命感；
2. 培养学生遵守职业道德、国家规范的职业精神；
3. 培养学生严谨细致、精益求精的工匠精神。

美国佛罗里达州公寓倒塌事件：一枚 40 年前的"定时炸弹"

　　2021 年 6 月 24 日，美国佛罗里达州迈阿密市发生了一起住宅楼局部坍塌事故。事故楼房共有 136 套住房，其中 55 套在坍塌中损毁。事故迄今确认至少 97 人遇难，可能还有一名遇难者，但遗体尚未确认。2022 年 1 月，美国迈阿密公寓倒塌事故被应急管理部信息研究院等单位遴选为 2021 年度国际十大生产安全事故之一。

　　结构工程专家表示，这次垮塌是由典型的"支柱失效"现象造成的，这表示原本支撑着大楼的一系列承重支柱失去了应有的作用，从结构上看，这座建筑用的似乎无梁板，基本只靠柱子支撑，"这样（建筑）本身承重、抗变形能力就不如有梁的，在载重超过一定范围之后就容易引起垮塌"。

　　在建筑专家层层剖析该公寓楼存在的结构性问题之余，调查还发现开发商在得到镇长批准的情况下，于公寓楼顶部增加了顶层公寓，超出了当地的高度限制，这一违反常规的举动遭到当地居民和其他官员的强烈反对。除了建筑高度不合规之外，20 世纪 80 年代美国建筑普遍存在的质量问题更值得关注。

　　建筑结构设计安全度提升是保证建筑应用安全的基础所在。柱梁楼板等建筑主体结构构件就像建筑的骨骼，建筑设计人员需要不断加大研究力度，尽可能地提升建筑结构设计安全度，保证建筑应用的安全性。

任务一　结构模型创建

任务清单 3-1　创建项目柱与梁

项目名称	任务清单内容
任务情境	  　　无论历史如何演变，为人类遮风避雨的建筑，其空间的组成似乎保持着一种规律。如左边这幅图为中国古建筑中的抬梁式建筑，右边为现代建筑中的框架结构，从图中看出，房屋中的柱与梁都是撑起整个建筑框架的主要构件，也是某些类型建筑中必不可少的元素，由此形成了不同大小、不同造型的建筑体基本雏形，进而成为我们生活、工作、交往等的场所
任务目标	在创建的教学楼（标高）项目中创建柱网模型与梁体模型
任务要求	请根据任务情境，回顾所学知识或者通过网络搜索和学习，完成以下任务： （1）现在建筑中常见的建筑结构有哪些类型？ （2）掌握结构柱和构造柱的区别。 （3）创建项目中的所有柱子。 （4）创建项目中的梁体
任务思考	为什么在绘制梁时，设置好了标高，而画完后不在该标高层中显示？
任务实施	（1）创建柱。

项目名称	任务清单内容
任务实施	（2）创建梁。
任务总结	通过完成上述任务，你学到了哪些知识或技能？
实施人员	
任务点评	

做中学 学中做

一、单选题

1. Revit 中绘制结构柱的快捷键是（ ）。

    A. GZ   B. ZZ   C. CL   D. CZ

2. 结构的承重部分为梁柱体系，墙体只起维护和分隔作用，此种建筑结构称为（ ）。

    A. 砌体结构   B. 框架结构   C. 板墙结构   D. 空间结构

3. 对齐的快捷键是（ ）。

    A. DQ   B. AL   C. RL   D. AQ

4. 结构标高比建筑标高（ ）。

    A. 低   B. 高   C. 一样高   D. 依情况而定

5. 放置构件时，按（ ）键可以旋转构件方向以放置。

    A. Tab   B. Shift   C. Space   D. Alt

6. 梁沿 Z 轴对正的方式中不包括（ ）。

    A. 原点   B. 中心线   C. 起点   D. 顶

二、简答题

布置梁后，如何设置能够显示梁?

教学视频：结构模型创建   知识链接：创建项目柱与梁

任务二　墙体创建

任务清单 3-2　创建墙体

项目名称	任务清单内容
任务情境	 　　上面几幅图片不知道大家看到后感觉如何？它们给人最大的感受可能就是其建筑外立面所呈现的丰富性、特殊性或者说对视觉较强的冲击力所带来的一种"美感"或"好感"。 　　一个好的建筑外立面设计就像建筑的一张名片，具有强大的号召力和感染力，也代表了这所建筑的价值观念。而这些都需要依托建筑外立面主体——"墙体"得以实现
任务目标	掌握新的墙体类型的创建方法。 掌握绘制墙体的技巧
任务要求	请你根据任务情境，查看教学楼施工图设计说明中墙体的构造层次、墙体的类型
任务思考	施工图设计时为什么墙体模型要将核心层与装饰层分开绘制
任务实施	（1）绘制一层只有结构层的建筑墙体。

项目名称	任务清单内容
任务实施	（2）绘制一层墙体的装饰层。 （3）复制或者绘制其他楼层的墙体。
任务总结	通过完成上述任务，总结常见墙体构造层的设置：
实施人员	
任务点评	

做中学　学中做

一、单选题

1. Revit 中墙体创建的快捷键是（　　　）。

　　A. WA　　　　　　　　B. WL　　　　　　　　C. Q　　　　　　　　D. QT

2. 在 Revit 中创建外墙时，为了保证其有正确的"内外"方向，绘制的方向最好是
（　　）。

　　A. 顺时针

　　B. 逆时针

　　C. 不管方向，怎么绘制都可以

3. 在绘制墙时，要使墙的方向在外墙和内墙之间翻转，应（　　　）。

　　A. 单击墙体　　　　　　　　　　　　B. 双击墙体

　　C. 单击蓝色翻转箭头　　　　　　　　D. 按 Tab 键

4. 编辑墙体结构时，可以（　　　）。

　　A. 添加墙体的材料层　　　　　　　　B. 修改墙体的厚度

　　C. 添加墙饰条　　　　　　　　　　　D. 以上都可

5. 在平面图中选择墙，用鼠标拖拽控制柄，只能修改（　　　）。

　　A. 墙体位置　　　　　　　　　　　　B. 墙体类型

　　C. 墙体位置和长度　　　　　　　　　D. 墙体内外墙面

6. 墙结构（材料层）在视图中如何可见？（　　　）

　　A. 显示墙的连接　　　　　　　　　　B. 设置材料层的类别

　　C. 视图精细程度设置为中等或精细　　D. 连接柱与墙

7. 下面说法正确的是（　　　）。

　　A. 弧形墙不能直接插入门窗

　　B. 弧形墙不能应用"编辑轮廓"命令

　　C. 弧形墙不能应用"附着顶 / 底"命令

　　D. 弧形墙不能直接开洞

8. 创建完一层的墙体，可以通过（　　　）把墙体复制到其他楼层。

　　A. 与选定的标高对齐　　　　　　　　B. 与选定的视图对齐

　　C. 与拾取的标高对齐　　　　　　　　D. 与当前视图对齐

二、判断题

1. 柱和墙体这样的竖向构件在绘制时可以选择高度或者深度，如果选择深度，则意味
着从基准面往上绘制。　　　　　　　　　　　　　　　　　　　　　（　　　）

2. Revit 软件中建筑墙只是其中的一种墙。　　　　　　　　　　　　　（　　　）

3. 可以在立面上直接绘制幕墙。　　　　　　　　　　　　　　　　　　（　　　）

4. 不可以绘制弧形幕墙。 (

三、简答题

墙体的定位方式有哪些？以图示进行表达。

教学视频：创建墙体

知识链接：创建墙体

任务三　门窗模型创建

任务清单 3-3　创建门

项目名称	任务清单内容
任务情境	门在我们平时的生活中很常见，它作为一个隔开空间的建筑构件，能够给人安全感，同时合理划分区域范围也可以带来社会和谐。 　　有了门的设置，人、车循门而出入，建筑才可能为人所用。但门提供给人的并不只是出入的使用功能，它还可以承载、传达丰富的信息，如建造的时代、设计的技巧及其他设计者或者业主想表达的东西
任务目标	理解 Revit 中族的分类。 掌握门类型创建方法。 掌握垂直方向模型复制的方法
任务要求	请根据任务情境，通过网络搜索和学习，完成以下任务： （1）完成教学楼所需门族的载入和编辑； （2）完成教学楼门模型的创建并进行标记
任务思考	如何快速给所有的门进行标记？
任务实施	（1）载入需要的所有门类型。

项目名称	任务清单内容
任务实施	（2）创建门。 （3）复制门并添加门标记。
任务总结	通过完成上述任务，你学到了哪些知识或技能？
实施人员	
任务点评	

做中学　学中做

一、单选题

1. Revit 中绘制门的快捷键是（　　　　）。

　　A. M　　　　　　　　B. D　　　　　　　　C. DO　　　　　　　　D. DR

2. 关于门绘制说法错误的是（　　　　）。

　　A. 通常，门的大小可以通过对族的属性编辑进行修改

　　B. 门会自动嵌入墙体，嵌入后，墙体的体积也会随之改变

　　C. 门的地面标高一般默认为绘制的楼层平面的底标高，不可以调整门的底标高

　　D. 门的底高度一般在"实例属性"而不是"类型属性"中修改

3. 关于 Revit 中门的放置，以下说法正确的是（　　　　）。

　　A. 门不需要墙体就可以放置

　　B. 门只能在平面上绘制，立面和三维不可以绘制

　　C. 门族可以从外部导入使用

　　D. 门绘制完毕后不可以通过临时尺寸标注修改位置

4. 门属于（　　　　）。

　　A. 系统族　　　　　　B. 可载入族　　　　　　C. 内建族　　　　　　D. 固定族

5. 创建完某一层的门后，可以通过（　　　　）把门与门标记一起复制到其他的楼层。

　　A. 与选定的标高对齐　　　　　　　　B. 与选定的视图对齐

　　C. 与拾取的标高对齐　　　　　　　　D. 与当前视图对齐

二、简答题

1. 当我们完成门的布置后，发现没有进行门标记，请问如何快速地给所有门标记？

2. 门布置完成后，如果发现方向不正确，如何修改？

教学视频：门窗的创建

知识链接：创建门

任务清单 3-4　创建窗与幕墙

项目名称	任务清单内容
任务情境	古人说过"眼睛是心灵的窗户",而日本建筑师藤森照信说"窗户是建筑的眼睛",窗户赋予建筑灵性。眼睛漂不漂亮对于人来讲很重要,窗户漂不漂亮对于建筑来说也很重要。 　　窗户和门一样,吸纳自然光线和空气进入室内,是家居生活与外界交流的通道。它使人们同外界保持适度的距离,获得独立性和安全感,人们又通过它与外界连接在一起
任务目标	掌握窗类型的创建方法。 掌握幕墙的绘制与编辑方法
任务要求	请根据任务情境,通过网络搜索和学习,完成以下任务: (1)完成教学楼所需窗族的载入和编辑; (2)完成教学楼窗模型的创建并进行标记; (3)完成项目中所有幕墙的绘制
任务思考	幕墙是窗类别吗?
任务实施	(1)载入需要的所有窗类型。

项目名称	任务清单内容
任务实施	（2）创建窗。 （3）复制窗并添加窗标记。 （4）创建并编辑幕墙。
任务总结	通过完成上述任务，你学到了哪些知识或技能？
实施人员	
任务点评	

做中学 学中做

一、单选题

1. Revit 中窗绘制的快捷键是（　　　）。

    A. C   B. W   C. WC   D. WN

2. 幕墙中如果嵌入窗户，修改的是（　　　）。

    A. 嵌板   B. 幕墙网格   C. 竖梃   D. 框架

3. 以下哪一项不是 Revit 软件中幕墙的基本构成元素？（　　　）

    A. 嵌板   B. 幕墙网格   C. 框架   D. 竖梃

4. 以下哪种方法可以在幕墙内嵌入基本墙？（　　　）

    A. 选择幕墙嵌板，将类型选择器改为基本墙

    B. 选择竖梃，将类型改为基本墙

    C. 删除基本墙部分的幕墙，绘制基本墙

    D. 直接在幕墙上绘制基本墙

二、简答题

1. 幕墙绘制后，在平面和立面上没有显示，如何调整？

2. 想在视图中仅显示所选择的幕墙，如何操作？

教学视频：幕墙门创建

知识链接：创建窗与幕墙

任务四 楼板模型创建

任务清单 3-5 创建楼层楼板与空调隔板

项目名称	任务清单内容
任务情境	楼板是建筑中的水平构件，具有承受水平方向的竖直荷载、分隔各层空间、隔声、保温、隔热的作用。当一个建筑的主要竖向维护和承重构件完成后，必不可少的就是楼板的创建。 空调隔板是建筑中外墙为放置空调外机而设计的水平构件，与百叶窗一起形成建筑设备的围合空间
任务目标	掌握楼板构造层设置方法。 掌握楼板的绘制方法。 掌握楼板开洞的方法
任务要求	理解不同位置楼板构造的区别。 理解垂直洞口和竖井洞口的区别。 完成教学楼项目中各层楼板与空调隔板的绘制
任务思考	楼梯处的楼板怎么处理，才能保证垂直交通能够正常使用？
任务实施	（1）创建新的楼板类型。 （2）创建各层楼板。

项目名称	任务清单内容
任务实施	（3）创建各层空调隔板。
任务总结	通过完成上述任务，你学到了哪些知识或技能？
实施人员	
任务点评	

做中学 学中做

一、单选题

1. 用"拾取墙"命令创建楼板，使用（　　　）键切换选择，可一次选中所有外墙，单击生成楼板边界。

    A. Tab   B. Shift   C. Ctrl   D. Alt

2. 关于建筑楼板的说法错误的是（　　　）。

    A. Revit 中通过编辑边界线来绘制楼板，还可以通过坡度箭头为楼板添加坡度

    B. 建筑楼板绘制方式和结构楼板基本相同

    C. 建筑楼板绘制好后，可以通过形状编辑修改楼板形状，一旦修改，不可撤销

    D. 建筑楼板中可以通过添加点和修改子图元操作，给楼板上任何一个位置的点添加高差

3. Revit 洞口面板中有（　　　）种洞口。

    A. 3   B. 4   C. 5   D. 6

4. 选择了第一个图元后，按住（　　　）键可以继续选择添加图元。

    A. Shift   B. Ctrl   C. Alt   D. Tab

5. 楼板的厚度取决于（　　　）。

    A. 楼板结构   B. 工作平面   C. 构件形式   D. 实例参数

二、多选题

1. 关于建筑楼板的说法正确的是（　　　）。

    A. 建筑楼板可以像建筑墙体一样，编辑多个构造层

    B. 楼板属于外建族，需要导入族创建楼板

    C. 结构楼板和建筑楼板绘制基本一样

    D. 建筑楼板边界可以在立面进行编辑

    E. 建筑楼板的定位标高为板底部标高

2. 关于洞口绘制的说法正确的是（　　　）。

    A. 墙洞和墙轮廓编辑功能一样，都可以在墙体上开各种形状的洞口

    B. 竖井洞口可以用来设置建筑的电梯井

    C. 用垂直洞口和按面的洞口在水平楼板上开洞效果是一样的

    D. 垂直洞口必须先选择开洞的主体才可以开洞，而按面创建的洞口不需要

    E. 老虎窗洞口剪切的是屋顶

教学视频：楼层楼板和空调隔板的创建   知识链接：创建楼层楼板

任务五　屋顶模型创建

任务清单 3-6　创建屋顶

项目名称	任务清单内容
任务情境	屋顶是建筑顶部的水平构件，起到承重和围护、美观的作用。 　建筑屋顶又被称为建筑的"第五立面"，对建筑的形体和立面形象具有较大的影响，屋顶的形式将直接影响建筑物的整体形象
任务目标	掌握用楼板绘制平屋顶的方法。 掌握平屋顶中排水坡度的设计方法。 掌握用迹线屋顶绘制坡屋顶的方法
任务要求	（1）通过网络搜索或者回顾其他相关课程，提前完成建筑设计中常见屋顶样式的资料的整理。 （2）完成教学楼中平屋顶的创建。 （3）完成教学楼中坡屋顶的创建
任务思考	迹线屋顶与拉伸屋顶用在何处？区别是什么？
任务实施	（1）整理常见的屋顶样式。

项目名称	任务清单内容
任务实施	（2）创建平屋顶。 （3）创建坡屋顶。
任务总结	通过完成上述任务，你学到了哪些知识或技能？
实施人员	
任务点评	

做中学 学中做

一、单选题

1. 在 Revit 中创建屋顶的方式不包括（　　　）。

　　A. 面屋顶　　　　　　B. 放样屋顶　　　　　　C. 迹线屋顶　　　　　　D. 拉伸屋顶

2. 两个屋顶的连接可以选择（　　　）。

　　A. 　　　　　　B. 　　　　　　C. 　　　　　　D.

3. 用迹线屋顶绘制坡屋顶时，迹线边的三角形代表的是（　　　）。

　　A. 坡度　　　　　　B. 屋顶方向　　　　　　C. 排水方向　　　　　　D. 图形

4. 对于波浪形的屋顶样式，可以选择（　　　）绘制。

　　A. 平屋顶　　　　　　B. 面屋顶　　　　　　C. 迹线屋顶　　　　　　D. 拉伸屋顶

二、判断题

1. 迹线屋顶只能绘制坡屋顶，不可以绘制平屋顶。　　　　　　　　　　　　　　　　（　　）

2. 屋顶的顶部标高与对应的楼层标高对齐。　　　　　　　　　　　　　　　　　　　（　　）

3. 拉伸屋顶的轮廓可以是不闭合的。　　　　　　　　　　　　　　　　　　　　　　（　　）

4. 普通窗可以放置在屋顶上。　　　　　　　　　　　　　　　　　　　　　　　　　（　　）

三、简答题

绘制完屋顶后，如何使墙体与屋顶连接在一起？

教学视频：创建屋顶　　　　　　　　　　　知识链接：创建屋顶

任务清单 3-7　创建檐沟及建筑外立面装饰条

项目名称	任务清单内容
任务情境	屋顶的檐沟不仅组织雨水规律导流，保护屋檐不受雨水侵蚀，从而达到保护建筑的作用，还可以让建筑更加美观。 　　建筑外立面墙体上的装饰线条使建筑更加有层次感，在一定程度上也能保护外墙不受雨水的侵蚀。 　　当屋顶与建筑墙体的模型创建完成后，根据方案图纸，就要进行檐沟与装饰线条的处理，从而使建筑外立面更加完整、美观
任务目标	理解轮廓族的含义。 掌握轮廓族的使用方法。 掌握将新建的轮廓族载入项目的方法
任务要求	（1）完成屋顶檐沟的绘制。 （2）完成教学楼外立面装饰条的绘制
任务思考	屋顶中的底板、封檐板、檐槽有何区别？
任务实施	（1）创建檐沟轮廓族。 （2）创建外墙装饰条族。

续表

项目名称	任务清单内容
任务实施	（3）轮廓族载入项目使用。
任务总结	通过完成上述任务，总结轮廓族创建步骤及载入的方法：
实施人员	
任务点评	

做中学　学中做

一、单选题

1. 创建轮廓族时，线（　　　）。
   A. 必须是闭合的　　　B. 可以是敞开的　　　C. 是一条

2. 如果檐沟或装饰条用内建模型创建，用到的工具是（　　　）。
   A. 拉伸　　　　　　　B. 融合　　　　　　　C. 放样　　　　　　　D. 旋转

3. 绘制轮廓族时，轮廓线的位置（　　　）。
   A. 有方向区别　　　B. 有标高位置的区别　　C. 有边界的区别　　　D. 以上都对

二、简答题

墙饰条与分隔条的区别是什么？

教学视频：檐口及外立面造型线条　　知识链接：创建檐沟及建筑外立面装饰条

任务六　楼梯模型创建

任务清单 3-8　创建楼梯

项目名称	任务清单内容
任务情境	2020 年 12 月 1 日，陕西西安某小区 ×× 号楼，一楼大厅、过道、楼梯间杂物着火，因火势较大，产生的大量浓烟蔓延至楼上甚至部分住户家中，消防员营救被困人员 8 人，其中 5 人因抢救无效死亡。这是一起将纸箱、陈旧家具等杂物堆放楼梯间和通道，接触火源后，发生火灾，严重堵塞"生命通道"而造成的悲剧。 　　楼梯是贯穿建筑物并连接不同楼层的结构体系，它的主要作用是进行垂直交通，使人们能够方便、快速地在不同楼层之间往来。同时，它在特殊情况下还起到安全疏散的作用。 　　设计师、工程师按照国家规范设计、施工楼梯，居民合理、合法使用楼梯，以保障居住安全
任务目标	掌握楼梯的设计规范，特别是一些数据的要求。 掌握 Revit 中楼梯的两种画法。 掌握对绘制的楼梯进行参数的设置和修改的方法
任务要求	请根据任务情境，通过网络搜索和学习，完成以下任务： （1）整理楼梯的类型，并能说出适用场所； （2）查找楼梯设计的规范，了解楼梯数量、梯段净宽、平台进深、栏杆扶手等参数； （3）完成教学楼中楼梯的绘制
任务实施	（1）楼梯的类型。

续表

项目名称	任务清单内容
任务实施	（2）定位楼梯位置。 （3）绘制楼梯。
任务总结	通过完成上述任务，你学到了哪些知识或技能？
实施人员	
任务点评	

根据本项目类型，重点根据《建筑设计防火规范（2018 年版）》（GB 50016—2014）中 5.5.21 第 1 条和第 3 条规定，核算本项目疏散楼梯的总净宽度是否满足规范要求。

除剧场、电影院、礼堂、体育馆外的其他公共建筑，其房间疏散门、安全出口、疏散走道和疏散楼梯的各自总净宽度，应符合下列规定：

（1）每层的房间疏散门、安全出口、疏散走道和疏散楼梯的各自总净宽度，应根据疏散人数按每 100 人的最小疏散净宽度不小于表 3-1 的规定计算确定。当每层疏散人数不等时，疏散楼梯的总净宽度可分层计算，地上建筑内下层楼梯的总净宽度应按该层及以上疏散人数最多一层的人数计算；地下建筑内上层楼梯的总净宽度应按该层及以下疏散人数最多一层的人数计算。

表 3-1　每层的房间疏散门、安全出口、疏散走道和疏散楼梯的每 100 人最小疏散净宽度

m／百人

建筑层数		建筑的耐火等级		
		一、二级	三级	四级
地上楼层	1～2 层	0.65	0.75	1.00
	3 层	0.75	1.00	—
	≥ 4 层	1.00	1.125	—
地下楼层	与地面出入口地面的高差 $\Delta H \leq 10$ m	0.75	—	—
	与地面出入口地面的高差 $\Delta H > 10$ m	1.00	—	—

（2）首层外门的总净宽度应按该建筑疏散人数最多一层的人数计算确定，不供其他楼层人员疏散的外门，可按本层的疏散人数计算确定。

做中学　学中做

一、单选题

1. 楼梯构成不包括（　　　）部分。

　　A. 平台　　　　　　　　B. 踏步　　　　　　　　C. 踢面　　　　　　　　D. 栏杆扶手

2. 楼梯绘制定位线不包括（　　　）。

　　A. 梯段：中心　　　　B. 梯段：前端　　　　C. 梯段：左　　　　　D. 梯边梁外侧：左

3. 绘制构件式楼梯时，需要设置的参数不包括（　　　）。

　　A. 楼梯底部和顶部标高　　　　　　　　B. 踏板深度

　　C. 梯段宽度　　　　　　　　　　　　　D. 踏步高度

4. 关于楼梯绘制的说法错误的是（　　　）。

　　A. 楼梯绘制时会默认放置栏杆扶手

　　B. 构件式楼梯绘制可以选择是否自动创建楼梯平台

　　C. 构件式楼梯的平台不可以转换成草图进行编辑

　　D. 楼梯绘制时实际踢面高度是通过楼梯总高度和踢面数自动计算出来的

5. 楼梯绘制完成后，可以用（　　　）对多层楼板进行开洞，以留出连续通行的空间。

　　A. 竖井洞口　　　　　B. 老虎窗洞口　　　　C. 墙洞口　　　　　　D. 垂直洞口

6. 按照规范的要求，楼梯梯段的净宽不应小于（　　　）mm。

　　A. 900　　　　　　　　B. 1 000　　　　　　　　C. 1 100　　　　　　　　D. 1 200

二、判断题

1. Revit 软件中每一个梯段楼梯的踢面数比踏面数少一个。　　　　　　　　　　　　（　　　）

2. 构件式楼梯的踢面数不需要自己输入，Revit 软件会自动生成。　　　　　　　　（　　　）

3. 构件式楼梯绘制后，可以将平台转换成草图式，然后进行平台形状的编辑。（　　　）

4. 类型属性中的楼梯计算规则并不是当前楼梯的参数设置，而是对楼梯参数的约束。

　　　　　　　　　　　　　　　　　　　　　　　　　　　　　　　　　　　　　（　　　）

教学视频：创建楼梯

知识链接：创建楼梯

任务七　栏杆扶手模型创建

任务清单 3-9　创建栏杆扶手

项目名称	任务清单内容
任务情境	2021 年 9 月 30 日 14 点多，在印度古吉拉特邦苏拉特市（Surat）Laxmi Residency 大楼，一位 2 岁男童把公共通道内横向设计的栏杆当单杠玩耍，探头往下看景色时，想做腾空而飞的动作，在护栏间隙中一时失去平衡，坠楼身亡。 　　我国早些年也有类似案例，2017 年，东莞一出租屋内，5 岁女孩晚上从阳台护栏中间空隙伸出身子寻找家长时，不幸从 8 楼坠落身亡。事后检查发现阳台的防护栏杆间距为 0.134 m，超过了国家规定的 0.11 m，这是造成事故发生的主要原因。孩子的生命永远无法挽回。 　　栏杆扶手是设在梯段及平台边缘的安全保护构件，在建筑中必不可少
任务目标	掌握栏杆扶手的设计规范，特别是一些数据的要求。 掌握栏杆参数的设置。 掌握扶手参数的设置。 掌握不同主体上栏杆扶手的绘制
任务要求	请根据任务情境，通过网络搜索和学习，完成以下任务： （1）整理栏杆扶手的设计规范要点； （2）完成教学楼的楼梯处栏杆扶手的替换； （3）完成新的栏杆扶手模型的创建
任务实施	（1）创建楼梯的栏杆扶手。

项目名称	任务清单内容
任务实施	（2）创建新的栏杆扶手。
任务总结	通过完成上述任务，你学到了哪些知识或技能？
实施人员	
任务点评	

◎◎◎
点睛

《民用建筑设计统一标准》(GB 50352—2019)规定:

6.7.3条:阳台、外廊、室内回廊、内天井、上人屋面及室外楼梯等临空处应设置防护栏杆,并应符合下列规定:

(1)栏杆应以坚固、耐久的材料制作,并应能承受现行国家标准《建筑结构荷载规范》(GB 50009—2012)及其他国家现行相关标准规定的水平荷载。

(2)当临空高度在24.0 m以下时,栏杆高度不应低于1.05 m;当临空高度在24.0 m及以上时,栏杆高度不应低于1.1 m。上人屋面和交通、商业、旅馆、医院、学校等建筑临开敞中庭的栏杆高度不应小于1.2 m。

(3)栏杆高度应从所在楼地面或屋面至栏杆扶手顶面垂直高度计算,当底面有宽度大于或等于0.22 m,且高度低于或等于0.45 m的可踏部位时,应从可踏部位顶面起算。

(4)公共场所栏杆离地面0.1 m高度范围内不宜留空。

6.7.4条:住宅、托儿所、幼儿园、中小学及其他少年儿童专用活动场所的栏杆必须采取防止攀爬的构造。当采用垂直杆件做栏杆时,其杆件净间距不应大于0.11 m。

做中学 学中做

一、单选题

1. Revit 中的栏杆扶手组成不包括（　　　）。

　　A. 扶栏　　　　　　　　B. 支柱　　　　　　　　C. 立柱　　　　　　　　D. 栏杆

2. 以下关于栏杆扶手创建说法正确的是（　　　）。

　　A. 可以直接在建筑平面图中创建栏杆扶手

　　B. 可以在楼梯主体上创建栏杆扶手

　　C. 可以在坡道上创建栏杆扶手

　　D. 以上均可

3. 关于 Revit 中栏杆扶手的绘制正确的说法是（　　　）。

　　A. 水平方向的部件叫作栏杆　　　　　　B. 水平方向的部件叫作扶栏

　　C. 起点、转角和终点处的部件叫作栏杆　　D. 栏杆的样式不包括栏杆玻璃嵌板

4. 如果要设置 Revit 中栏杆有多种间距，在哪里设置?（　　　）

　　A. 在编辑栏杆中设置支柱样式

　　B. 在编辑栏杆中设置主样式，复制所需间距的主样式

　　C. 在扶栏结构编辑中设置

　　D. 在族实例属性中编辑

二、判断题

1. 栏杆扶手中的支柱包括起点支柱、转角支柱和终点支柱，三种支柱的栏杆样式必须完全一样。　　　　　　　　　　　　　　　　　　　　　　　　　　　（　　　）

2. 扶手的数量可以在栏杆位置编辑栏进行编辑。　　　　　　　　　　　（　　　）

3. 低层、多层住宅的阳台栏杆净高不应低于 1.05 m。　　　　　　　　　（　　　）

4. 楼梯上自动绘制的栏杆只能在楼梯编辑器中修改。　　　　　　　　　（　　　）

5. 楼梯栏杆垂直杆间距不应大于 0.11 m。　　　　　　　　　　　　　　（　　　）

教学视频：栏杆扶手创建

知识链接：创建栏杆扶手

项目四

场地环境深化设计

知识目标

1.掌握公共建筑设计中室内外高差处理的方法；
2.掌握室外台阶与坡道设计的要点；
3.掌握建筑散水的设计要点；
4.理解地形表面、建筑地坪、子面域等含义；
5.理解建筑场地中所需的有意义要素。

能力目标

1.能运用楼板边缘绘制台阶；
2.能根据方案绘制不同造型的坡道并做好参数的设计；
3.能理解散水绘制的原理并掌握绘制方法；
4.能对地形进行处理并建模；
5.能对场地中的要素进行设计和建模。

素质目标

1.培养学生以人为本、遵守规范的职业道德；
2.提高学生场地设计中各种要素组合的设计能力；
3.培养学生严谨的工作作风；
4.提高学生的职业审美能力。

建筑景观的地域性表达——锦绣如意

场地环境深化设计可以更合理地利用基地中的空间条件，使场地内部的各个元素形成一个有机的整体。同时，场地环境深化设计具有高度综合性、技术与艺术的双重性、理性和感性并存这三个特点。2019年北京世界园艺博览会中国馆作为北京世界园艺盛会最重要的场馆，就很好地体现了场地设计的精神。

在中国馆的场地深化设计上，设计师借鉴前人采用"窑洞、梯田方式适应北方山区"的智慧，因山就势。在中国馆，借用窑洞利用土保温隔热的原理，采用覆土方式，给中国馆保温降温；同时将中国馆周围覆土整理成类似梯田的形态，结合中华千年农耕文明的代表性表达形式，展现人类与自然相互作用、取得平衡和共生的发展理念。党的二十大报告中提出"推进文化自信自强，铸就社会主义文化新辉煌。发展面向现代化、面向世界、面向未来的，民族的科学的大众的社会主义文化，激发全民族文化创新创造活力，增强实现中华民族伟大复兴的精神力量"。中国馆用这种自然景观和人文艺术共荣的景观手法，表达对地域性文化的传承和尊重，正是传承中华优秀传统文化，向世界展示国家文化软实力和中华文化影响力。

中国古代的园林多称为"台"，如章华台、姑苏台。用"台"来定义美好的场所，皆因其给人带来的水淹不至、安得其所的安全感和居高临下、万众敬仰的优越感。中国馆山水和鸣的骨架结构将建筑托于高台之上，也与中国的地域性人文精神符合。在高台上，中国馆似一柄如意，在两侧梯田花草林木的包裹和烘托之下，陈列在妫汭湖南岸。建筑与风景浑然一体，有机生长在一起，相互映衬，既突出了地域性特征，又展现了人文景观与自然景观的和谐和统一。

任务一　创建建筑入口与散水

任务清单 4-1　创建室外台阶与坡道

项目名称	任务清单内容
任务情境	室外台阶与坡道是设在建筑物出入口的辅助配件，用来解决建筑物室内外的高差问题。一般建筑物多采用台阶，当有车辆通行或室内外地面高差较小时，可采用坡道。 公共建筑与设置有电梯的居住建筑出入口，应设置无障碍出入口和无障碍坡道。坡道的坡度、宽度，以及在不同坡度情况下坡道高度和水平长度，还应符合《无障碍设计规范》（GB 50763—2012）的相关规定
任务目标	根据室内外的高差创建合适的台阶和坡道模型
任务要求	请根据任务情境，回顾相关内容或者通过网络搜索和学习，完成以下任务： （1）应用楼板边缘创建台阶； （2）根据方案图纸完成坡道绘制
任务思考	室外台阶还可以用什么方法绘制？
任务实施	（1）创建新的楼板边缘类型。 （2）创建室外台阶。
任务总结	通过完成上述任务，你学到了哪些知识或技能？
实施人员	
任务点评	

做中学 学中做

单选题

1.公共建筑室内外台阶踏步宽度不宜小于（　　　）m，踏步高度不宜大于（　　　）m。

    A. 0.25，0.15　　　　　B. 0.3，0.15　　　　　　　C. 0.25，0.2　　　　　　　D. 0.3，0.2

2.民用建筑强制性规范规定，大于等于（　　　）个台阶就必须设一个休息平台。

    A. 15　　　　　　　　B. 16　　　　　　　　　　C. 17　　　　　　　　　　D. 18

3.室外坡道的坡度不应大于（　　　）。

    A. 1/10　　　　　　　B. 1/12　　　　　　　　　C. 1/14　　　　　　　　　D. 1/15

4.坡道转弯时应设休息平台，休息平台净深度不得小于（　　　）m。

    A. 1.2　　　　　　　　B. 1.5　　　　　　　　　　C. 1.8　　　　　　　　　　D. 2.0

5.在坡道的起点及终点，应留有深度不小于（　　　）m的轮椅缓冲地带。

    A. 1.0　　　　　　　　B. 1.2　　　　　　　　　　C. 1.5　　　　　　　　　　D. 1.8

教学视频：创建室外台阶与坡道　　　　知识链接：创建室外台阶与坡道

任务清单 4-2　创建散水

项目名称	任务清单内容
任务情境	 　　同学们可能注意过建筑的底部与地面连接的部位总有一些水泥地面或石材地面，有些旁边还带有排水沟，就如上面的图片所示，这些就是建筑散水。 　　散水是指房屋外墙四周的勒脚处（室外地坪上）用片石砌筑或用混凝土浇筑的有一定坡度的散水坡。它的作用是迅速排走勒脚附近的雨水，避免雨水冲刷或渗透到地基，防止基础下沉，以保证房屋的巩固耐久
任务目标	理解建筑底部设置散水的意义。 掌握散水的绘制方法
任务要求	掌握散水族的编辑技巧。 完成教学楼散水模型的绘制
任务思考	请根据任务情境，查找生活中其他常见的散水处理方法
任务实施	（1）创建新的楼板边缘类型。 （2）运用楼板边缘完成散水绘制。 （3）整理散水位置。
任务总结	在 Revit 中除了用楼板边缘绘制散水，还可以用什么方法绘制散水？
实施人员	
任务点评	

做中学　学中做

单选题

1. 散水宽度宜为（　　　　）mm。

　A. 500 ～ 800　　　　　　　　　　　B. 600 ～ 800

　C. 600 ～ 1 000　　　　　　　　　　D. 800 ～ 1 000

2. 为保证排水顺畅，一般散水的坡度为（　　　　），散水外缘应高出室外地坪（　　　　）mm。

　A. 3% ～ 5%，30 ～ 50　　　　　　B. 1% ～ 2%，20 ～ 30

　C. 2% ～ 3%，20 ～ 50　　　　　　D. 2% ～ 5%，20 ～ 30

3. 当屋面采用无组织排水时，散水宽度应大于檐口挑出长度（　　　　）mm。

　A. 100 ～ 200　　　　B. 200 ～ 300　　　　C. 300 ～ 400　　　　D. 400 ～ 500

教学视频：创建散水

知识链接：创建散水

任务二　场地竖向设计

任务清单 4-3　创建地形表面

项目名称	任务清单内容
任务情境	场地设计又称为建筑总平面设计。目的是把基地内建筑物之外的广场、停车场、室外活动场、绿地等进行规划设计，尤其是能使建筑物与其他要素形成一个有机整体，以发挥效用，并使基地的利用达到最佳状态，以充分发挥用地效益，节约土地，减少浪费
任务目标	掌握项目中主要高程控制点的确定技巧； 掌握地形表面创建地形方法
任务要求	通过网络搜索和学习，完成以下任务： （1）完成项目中主要高程控制点的确定和计算； （2）完成地形表面模型创建
任务思考	Revit 中是否可以创建复杂的地形？
任务实施	（1）主要高程控制点的确定。 （2）用放置点创建地形表面。
任务总结	通过完成上述任务，你学到了哪些知识或技能？
实施人员	
任务点评	

做中学 学中做

单选题

1. Revit 提供的创建地形表面的方式不包括（　　　）。

　　A. 放置点　　　　　　B. 通过导入创建　　　　C. 子面域　　　　　　　　D. 平整区域

2. 在场地楼层中创建的低于 ±0.000 的地形表面，如何在当前视图看到?（　　　）

　　A. 调整视图范围中的顶部范围与底部范围

　　B. 调整视图范围中的剖切面范围与底部范围

　　C. 调整视图范围中的底部范围与标高视图深度

　　D. 调整视图范围中的剖切面范围与标高视图深度

教学视频：创建地形表面

知识链接：创建地形表面

任务清单 4-4　创建建筑地坪

项目名称	任务清单内容
任务情境	地形表面是一个平面，没有厚度。当我们创建完成地形表面后，会发现地形表面切至建筑内部，影响了室内空间的使用和三维效果的呈现。此时，就需要用 Revit 软件中的"建筑地坪"工具，将切至室内的地形降至建筑底部
任务目标	理解建筑地坪的作用。 掌握建筑地坪的创建和参数设置
任务要求	完成教学楼项目中的建筑地坪模型创建
任务实施	（1）创建建筑地坪。 （2）修改建筑地坪参数。
任务总结	通过完成上述任务，你学到了哪些知识或技能？
实施人员	
任务点评	

做中学 学中做

单选题

以下关于 Revit 中建筑地坪说法正确的是（　　　）。

　　A. 创建建筑地坪为闭合的环，其高度不能超过地形表面

　　B. 创建建筑地坪为开放的环，其高度不能超过地形表面

　　C. 创建建筑地坪为闭合的环，其高度可以超过地形表面

　　D. 创建建筑地坪为开放的环，其高度可以超过地形表面

教学视频：创建建筑地坪

知识链接：创建建筑地坪

任务三　创建场地道路和构件

任务清单 4-5　创建道路

项目名称	任务清单内容
任务情境	道路是场地中组织生产、生活活动所必需的车辆、行人通行往来的通道，是联系场地内各个组成部分并与外部环境相贯通的交通纽带。道路不仅是场地内人流、货流等交通运输的物质基础条件，还是给水排水、电力、电信、供暖、煤气等市政公用管线设施的铺设通道。 　　高校教学楼周边合理、规范的道路设计，不仅满足师生日常的基本通行功能，小场地的设计还易于打造美好的生态环境，以增加自然和谐的文化氛围
任务目标	掌握道路边界线中弧形的绘制方法。 掌握建筑地坪道路的绘制方法
任务要求	请根据任务情境，通过网络搜索和学习，完成以下任务： （1）公共建筑场地中道路设计要点； （2）完成教学楼场地中的道路绘制
任务思考	道路的边界为什么必须是闭合的？还可以采用什么办法绘制道路？
任务实施	（1）公共建筑场地中道路设计的要点。 （2）通过地形子面域工具创建道路。

项目名称	任务清单内容
任务实施	（3）修改道路参数。
任务总结	通过完成上述任务，你学到了哪些知识或技能？
实施人员	
任务点评	

做中学 学中做

一、单选题

1. 消防车道宽度不应小于（　　　）m，上空（　　　）m 范围内不应有障碍物。

　　A. 3，4　　　　　　B. 4，4　　　　　　　　C. 5，4　　　　　　　　D. 6，4

2. 单车道路宽不应小于（　　　）m。

　　A. 3　　　　　　　B. 4　　　　　　　　　C. 5　　　　　　　　　D. 6

3. 人行道路宽度不应小于（　　　）m。

　　A. 1.20　　　　　　B. 1.50　　　　　　　　C. 1.60　　　　　　　　D. 1.80

二、简答题

简述 Revit 中道路绘制的两种方法。

教学视频：创建道路

知识链接：创建道路

任务清单 4-6 布置场地构件

项目名称	任务清单内容
任务情境	绿化与景观设施是场地设计中必不可少的元素，加之人物、车辆使场地更加丰富、灵动
任务目标	掌握场地构件放置时标高的选择。 掌握植物放置的美观合理性。 掌握外部族载入与使用方法
任务要求	请根据任务情境，通过网络搜索和学习，完成以下任务： （1）完成教学楼场地中植物的放置； （2）完成教学楼场地中停车位的放置
任务实施	（1）载入外部族。 （2）放置植物。 （3）放置停车位构件。
任务总结	通过完成上述任务，你学到了哪些知识或技能？
实施人员	
任务点评	

■□□
做中学 学中做

一、单选题

在 Revit 中场地构件被组织在（　　　）界面选项卡中。

  A. 场地   B. 常用   C. 体量和场地   D. 建筑

二、简答题

在载入族时，植物的文件中的 2D、3D 及 PRC 的区别是什么？

教学视频：布置场地构件

知识链接：布置场地构件

模块三
建筑施工图设计

項目五

建筑施工图制图准备

1.熟悉建筑制图中比例 / 索引符号和详图符号的含义，熟悉其在 BIM 中的设置方法；

2.熟悉建筑制图中标高标注、尺寸标注的类型，掌握其在 BIM 中的设置方法；

3.熟悉建筑制图中字体、引出线要求，了解其在 BIM 中的设置方法；

4.熟悉线宽、线样式的修改方法；

5.熟悉对象样式的修改方法；

6.掌握视图的控制方法。

能 力 目 标

1.能按照项目设计的要求在 BIM 软件中设置、修改项目的比例；

2.能按照项目设计的要求在 BIM 软件中设置、修改项目的索引符号和详图符号；

3.能按照项目设计的要求在 BIM 软件中设置、修改项目文件的标高标注；

4.能按照项目的要求在 BIM 软件中设置、修改项目文件的字体、引出线；

5.能在 BIM 软件中修改线宽、线型样式、对象样式；

6.能知道视图的控制方法，能解决构件在视图中看不见的问题。

素 质 目 标

1.培养学生温故知新的习惯，培养学生热爱本专业、爱岗敬业的精神；

2.培养学生对工作认真负责、一丝不苟、实事求是的工作态度；

3.培养学生勤于思考、善于钻研、吃苦耐劳的品质。

印度三航母梦碎，自建航母已烂尾

施工图准备是我们可以系统、完整、合规地绘制出施工图的重要保障，主要内容包括对于制图标准、规范及软件的熟练掌握。凡事预则立，不预则废，谋定而后动。制图建模如是，做人做事亦如是。

不打无准备之仗是我们中华民族的传统智慧，但是我们的邻居印度在国防工业建设上犯了相关错误。印度独立后，为了让自己尽快实现"强国梦"，组建"三航母"舰队，就开始了"买、买、买"，两艘英国的，一艘俄罗斯的。但就是这样的一个"军事强国"在近日公开承认自行研发建造的第三艘航母宣告失败。究其原因在于以下几点：

（1）印度不具备建造航母的工业基础，航母建造本身就是一个大工业集成产品，没有完整的产业链提供所需硬件，就只能靠"买、买、买"。

（2）印度缺乏工业化所需的产业工人群体，印度有2.8亿文盲，这是国家的一个沉重负担。

（3）印度军队的"万国造"装备，难以与航母相匹配，一艘航母组装了4个国家的技术和子系统，就算这些都拼凑在一起，兼容性又如何保证呢？所以印度的海上大国梦只能说"理想很丰满，现实很骨感"。

反观我国在自立自强的道路上一步一个脚印，拥有了完整的工业化体系与人才积累，依托社会与经济的发展军民融合，方取得今日的成绩。党的二十大报告中再次强调："教育、科技、人才是全面建设社会主义现代化国家的基础性、战略性支撑。""我们要坚持教育优先发展、科技自立自强、人才引领驱动，加快建设教育强国、科技强国、人才强国。"这是实现我们中华民族伟大复兴的基石与密码。

任务一　制图基本知识

任务清单 5-1　认识制图的基本知识

项目名称	任务清单内容
任务情境	"工欲善其事，必先利其器"。要绘制出符合制图标准的图纸，首先要了解制图的基本知识，《建筑制图标准》（GB/T 50104—2010）对图纸的比例、索引符号和详图符号、标高、尺寸标注、字体、引出线、线宽等都有具体的制图要求，学习时首先要熟悉规范中的具体规定，在此基础上，用 BIM 软件实现这些要求
任务目标	熟悉比例设置及修改方法： 熟悉索引符号和详图符号设置方法； 掌握软件中标高及尺寸标注的命令使用方法； 了解字体、引出线、线宽的命令使用方法
任务要求	请根据任务情境　通过教材或网络课程的学习，完成以下任务： （1）在软件中新建 1∶40 的比例； （2）找出"详图索引"命令的位置，新建一个详图索引； （3）找出"标高标注"命令的位置，在立面图上标注一个标高； （4）找出"尺寸标注"命令的位置，完成一层的尺寸标注； （5）找出"文字"命令的位置，用一段文字标注图纸中的栏杆材质
任务思考	制图中有哪些基本的知识需要我们熟悉？
任务实施	制图的基本知识。 （1）比例含义及设置和修改方法： （2）索引符号和详图符号的含义及软件中命令的操作方法： （3）标高标注样式和使用范围以及软件中命令的操作方法：

续表

项目名称	任务清单内容
任务实施	（4）尺寸标注命令的操作方法： （5）文字命令属性设置及操作方法： （6）引出线的作用及软件中命令位置： （7）线宽的要求：
任务总结	通过完成上述任务，你学到了哪些知识或技能？
实施人员	
任务点评	

做中学 学中做

一、多选题

1. 建筑平面图、建筑立面图、建筑剖面图中常用的比例有（　　）。

　A. 1：100　　　　　　B. 1：200　　　　　　C. 1：50　　　　　　D. 1：500

2. 尺寸标注包括（　　）。

　A. 尺寸界线　　　　　B. 尺寸线　　　　　　C. 尺寸起止符号　　　D. 尺寸数字

二、简答题

1. 图 $\frac{5}{-}$ 中索引符号表示什么含义？

2. 在总平面图中 $\overset{4.80}{\blacktriangledown}$ 表示什么？

知识链接：认识制图的基本知识

任务二　视图属性的设置

任务清单 5-2　视图属性的设置

项目名称	任务清单内容
任务情境	图纸是一个工程师的"脸面"，要做到严谨和专业，并且保证外形和定位尺寸清楚，符合制图标准，所以出图前需要对"线宽""线型样式""对象样式"与视图显示属性等进行相应的设置
任务目标	熟悉线宽、线型样式的修改方法； 熟悉对象样式的修改方法； 掌握视图的控制方法
任务要求	请根据任务情境，通过教材或网络课程的学习，完成以下任务： （1）将宽度代号 1～4 的数值修改为 0.18 mm、0.35 mm、0.5 mm、0.7 mm； （2）新建线型图案"教学楼轴网线"并应用到轴线中； （3）设置墙的样式中公共边的颜色为绿色； （4）修改楼层平面的剖切面高度为 1 500 mm； （5）设置"专用设备""家具""常规模型"和"植物"等不需要在视图中显示的内容
任务思考	制图中有哪些基本的知识需要我们熟悉？
任务实施	1. 管理对象样式 （1）设置线型线宽： （2）线型设置和修改： （3）设置对象样式：

项目名称	任务清单内容
任务实施	2. 视图控制 （1）检查视图比例、详细程度、基线和基线方向： （2）视图范围的控制： （3）图形可见性修改：
任务总结	通过完成上述任务，你学到了哪些知识或技能？
实施人员	
任务点评	

做中学　学中做

简答题

1.线宽可以在哪些命令下进行修改?

2.若在楼层平面中看不见距地 1.5 m 的窗,可能原因有哪些?

教学视频:视图属性设置－线样式

知识链接:视图属性的设置

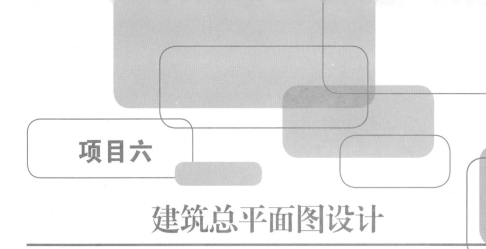

项目六

建筑总平面图设计

中山陵——"木铎警世，唤起民众"

总平面图是一门综合性很强、涉及面很广、政策性很强、作用于无形、艺术与技术完美结合的学科。南京中山陵的总平面图设计便是其中的佼佼者。

中山陵是孙中山先生陵寝，于1926年建于紫金山。其设计师吕彦直当时只有短短8个月的设计时间，却迟迟不动画笔。原来仅凭着葬事筹备处发给的12幅目的地照片和两幅紫金山地形标高图就可以直接设计，但吕彦直没有这样做，为了充分掌握第一手资料，他不辞劳苦多次带着墓址地图，冲破军阀混乱时期的交通险阻，登上紫金山的山坡，反复勘察墓址地形。

吕彦直设计的图案，平面呈警钟形，寓有"唤起民众"之意，因而受到评选者的一致推崇。祭堂外观形式给人以庄严肃穆之感，整个建筑朴实坚固，合于中国观念，而又糅合了西方建筑精神，融汇了中国古代与西方建筑的精华，符合孙中山的气概和精神。中山陵（图6-1）的建筑剔除古代帝陵的神道石刻，保留了"牌坊""陵门""碑亭""祭堂""墓室"。墓室在祭堂之后，与祭堂相通，人可由祭堂入墓室瞻仰。南洋大学校长凌鸿勋在评判报告中称赞吕彦直的设计图案"简朴浑厚，最适合陵墓之性质及地势之情形，且全部平面作钟形，尤有木铎警世之想"！

图 6-1　中山陵

任务一 认知建筑总平面图设计

任务清单 6-1 认知建筑总平面图设计

项目名称	任务清单内容
任务情境	建筑总平面图是表达建设工程总体布局的图样，即将新建工程四周一定范围内的新建、拟建、原有和拆除的建筑物、构筑物连同其周围的地形、地物状况用水平投影方法和相应的图例所画出的工程图样。当总平面图作为一个工程项目子项时，应单独编写目录和设计说明。但随着我们经济和城镇化建设的快速发展，就设计任务而言，大型成片的建筑群体项目较少，更多是在规模较小用地内的新建、改扩建项目，总平面设计也相对简单，往往无须规划设计师或总图专业人员进行规划设计，而是由单体设计的建筑师一并完成
任务目标	认知建筑施工图的组成，了解总平面图的基本内容
任务要求	请根据任务情境，通过网络搜索和学习，完成以下任务： （1）了解在施工图设计阶段，总平面专业设计文件包括的内容； （2）了解总平面图的主要内容
任务思考	建筑总平面图的作用是什么？
任务实施	（1）总平面图的组成。 ①目录： ②设计说明书： ③设计图纸： ④计算书：

续表

项目名称	任务清单内容
任务实施	（2）总平面图的主要内容。 ①建筑物的总图布局： ②新建建筑物的定位： ③新建建筑物的朝向： ④新建建筑物的竖向设计： ⑤新建建筑物周边地形、地物：
任务总结	通过完成上述任务，你学到了哪些知识或技能？
实施人员	
任务点评	

一、多选题

1. 以下属于总平面图设计部分的图纸内容是（　　）。

    A. 总平面布置图　　B. 竖向布置图　　　　C. 绿化布置图　　　　　D. 设计说明书

2. 总平面布置图中，定位新建建筑物的方法是（　　）。

    A. 建筑坐标　　　　　　　　　　　　B. 与原有建筑物的距离尺寸

    C. 建筑标高　　　　　　　　　　　　D. 与道路的距离尺寸

3. 总平面竖向布置图中，需要表达哪些内容?（　　）

    A. 建筑物设计标高　　　　　　　　　B. 建筑物绝对标高

    C. 室外地坪标高　　　　　　　　　　D. 场地与道路标高

4. 我们可以通过（　　）明确总图设计中的建筑朝向。

    A. 建筑坐标　　　　B. 风玫瑰　　　　C. 建筑标高　　　　D. 指北针

二、判断题

总平面布置图主要表达新建建筑物的定位和竖向设计问题，不需要显示原有场地地形地貌。　　　　　　　　　　　　　　　　　　　　　　　　　　　　　　　　（　　）

教学视频：认知建筑总平面图　　　　知识链接：认知建筑总平图设计

任务清单 6-2　建筑总平面图设计图示方法

项目名称	任务清单内容
任务情境	总平面图是假想人站在建好的建筑物上空，用正投影的原理画出地形图，将已有和新建建筑物、拟建建筑物以及道路、绿化等内容，按照地形图相同比例画出来的图纸。建筑总平面图是新建工程定位，也是土石方、管线综合等专业工程总平面的依据。在图纸上的图形图例既要清晰明了，也要符合设计、施工、存档的要求，因此需要统一制图规则，才能保证制图质量，提高制图效率。 　　《总图制图标准》（GB/T 50103—2010）给出了常用的总平面图图例符号，画图时应严格执行该图例符号，如果总平面图中采用的图例不是标准中的图例，应在总平面图下面加以说明
任务目标	掌握《总图制图标准》（GB/T 50103—2010）中的常用图例符号
任务要求	请你根据任务情境，学习《总图制图标准》（GB/T 50103—2010）中的一般规定和图例，并完成课后练习
任务思考	总图制图除应符合《总图制图标准》（GB/T 50103—2010）外，还应符合什么制图标准？
任务实施	（1）总图制图中的一般规定有哪些方面？ 　　（2）建筑单体总图制图中，需要哪些常用图例符号（可徒手绘图示意）？
任务总结	通过完成上述任务，你学到了哪些知识或技能？
实施人员	
任务点评	

●●● 做中学 学中做

一、单选题

1. 在施工图中，总平面图常用的比例为（　　）。

A. 1：100　　　　　B. 1：200　　　　　C. 1：50　　　　　D. 1：500

2. 在建筑工程图中，总平面图和标高以（　　）为单位。

A. mm　　　　　B. cm　　　　　C. m　　　　　D. km

3. 总平面图中用的风玫瑰图中所画的实线表示（　　）。

A. 常年所剖主导风风向　　　　　B. 夏季所剖主导风风向

C. 一年所剖主导风风向　　　　　D. 春季所剖主导风风向

4. 总平面图中，高层建筑宜在图形内右上角以（　　）表示建筑物层数。

A. 点数　　　　　B. 数字　　　　　C. 点数或数字　　　　　D. 文字说明

5. 建筑总平面图中，建筑红线用（　　）。

A. 细实线　　　　　B. 虚线　　　　　C. 折断线　　　　　D. 粗点画线

二、判断题

建筑总平面图中，表示原有建筑物要用粗实线。　　　　　　　　　　（　　）

三、简答题

在建筑总平面图中，用什么方法确定新建房屋的位置？

教学视频：总平面图图示方法及识读　知识链接：建筑总平图设计图示方法

任务二 绘制建筑总平面布置图

任务清单 6-3 深化设计总平面布置图

项目名称	任务清单内容
任务情境	在了解清楚总平面的基本组成和制图要求之后，需要根据场地原始地形、地物，确定规划道路、新建建筑、场地布置的具体位置，即需要绘制出总平面布置图
任务目标	理解总平面布置图的设计内容和图示方法； 掌握 BIM 绘制和注释总平面布置图的方法
任务要求	请根据任务情境，通过网络搜索和学习，完成以下任务： （1）了解总平面布置图图示的内容； （2）定位新建建筑物； （3）了解总平面布置图添加的注释
任务思考	如何在 BIM 中添加所需注释信息？运用什么工具？
任务实施	（1）地形底图： （2）场地边界定位： （3）道路定位： （4）建筑物、构筑物文字注释及定位： （5）广场、挡墙、停车场围墙等定位：

项目名称	任务清单内容
任务实施	（6）添加风玫瑰或指北针： （7）图例（操作方法详见任务清单 11-1，图 6-2）：
任务总结	通过完成上述任务，你学到了哪些知识或技能？
实施人员	
任务点评	

教学视频：深化设计总平面布置图　　知识链接：深化设计建筑总平图布置图

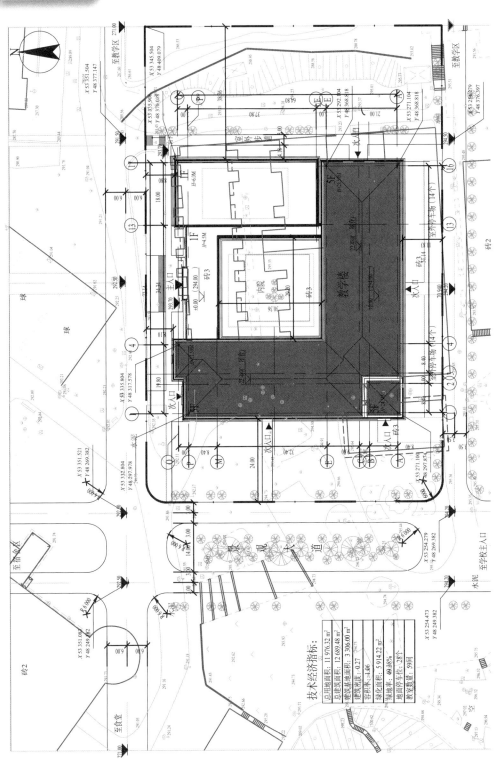

图 6-2　建筑总平面布置图

技术经济指标：
总用地面积：11 976.32 m²
总建筑面积：12 689.48 m²
建筑基底面积：3 306.00 m²
建筑密度：0.27
容积率：1.06
绿化率：49.38%
地面停车位：28个
教室数量：59间

任务三　绘制建筑总平面竖向布置图

任务清单 6-4　深化设计：总平面竖向布置图

项目名称	任务清单内容
任务情境	总平面竖向布置图是对建设场地，按其自然状况、工程特点和使用要求所做的规划，要求满足经济、安全和景观等要求。竖向设计的合理与否，不仅影响整个基地的景观和建成后的使用管理，而且直接影响土方工程量（图 6-3）。 一项好的竖向设计应该是以能充分体现设计意图为前提，而土方工程量最少（或较少）的设计
任务目标	理解总平面竖向布置图的设计内容和图示方法； 掌握 BIM 绘制和注释总平面竖向布置图的方法
任务要求	请根据任务情境，通过网络搜索和学习，完成以下任务： （1）了解总平面竖向布置图图示的内容； （2）了解总平面竖向布置图添加的注释
任务思考	如何在 BIM 中添加场地坡度信息？运用什么工具？
任务实施	（1）复制视图、整理图面： （2）道路设计标高：

续表

项目名称	任务清单内容
任务实施	（3）建筑设计标高： （4）场地设计标高： （5）场地排水组织：
任务总结	通过完成上述任务，你学到了哪些知识或技能？
实施人员	
任务点评	

做中学 学中做

一、填空题

1.挡土墙、护坡在注释设计标高时，需要将_____和_____都标注出来。

2.若建筑临近水体，则需要注释水面的_____、_____和_____等。

二、简答题

请简要回答是否每个项目都必须单独绘制竖向布置图。

教学视频：深化设计总平面竖向布置图

知识链接：深化设计总平面竖向布置图

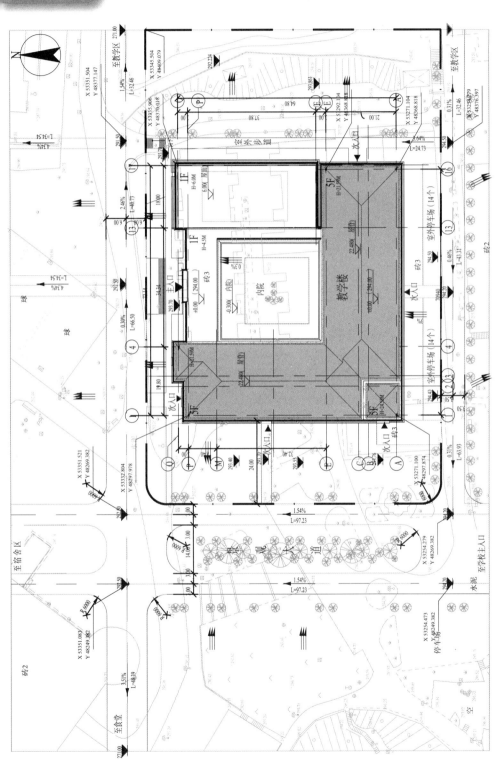

图 6-3　总平面竖向布置图

任务四　绘制建筑总平面消防布置图

任务清单 6-5　深化设计：总平面消防布置图

项目名称	任务清单内容
任务情境	2020 年 1 月，重庆市一小区发生火灾，造成 60 多户业主财产损失；2020 年 12 月 4 日，江苏盐城一小区发生火灾，因消防通道被占，影响消防及时救援，导致一名独居老人在家中被烧死；2021 年 12 月 25 日，徐州鼓楼区徐矿城金桂园小区发生火灾，由于消防通道不通畅、楼道消防箱无水等延误救援，造成大量财产损失；2022 年 11 月 24 日，新疆乌鲁木齐天山区吉祥苑小区住宅楼发生火灾，因消防通道不畅，延误消防救援人员第一时间到达现场展开救援，导致 10 人死亡……近年来，这样的火灾事件频繁发生，俗话说"水火无情"，当建筑不幸发生火灾时，消防通道就是我们的生命通道，除了在使用中加强维护管理，在总平面设计中，合理地规划消防通道，也是建筑设计师需要承担的法定责任和社会义务。 　　在作总平面布置图（图 6-4）时，怎么设置消防通道？设置哪种消防通道？具体要求又有哪些呢？
任务目标	理解总平面消防布置图中的设计要求； 理解消防通道、消防间距、消防扑救面的相关规定要求； 掌握 BIM 绘制和注释总平面消防布置图的方法
任务要求	请根据任务情境，通过网络搜索和学习，完成以下任务： （1）了解总平面消防布置图设计的内容； （2）了解总平面消防布置图添加的注释
任务思考	单体建筑在总平面设计时，需要考虑哪些消防设计要素？
任务实施	（1）复制视图、整理图面： （2）消防通道：

项目名称	任务清单内容
任务实施	（3）消防车停靠点： （4）分析图线强调消防流线：
任务总结	通过完成上述任务，你学到了哪些知识或技能？
实施人员	
任务点评	

做中学 学中做

一、单选题

1. 在总平面消防布置图中，消防通道的宽度应不小于（　　）m。

A. 4
B. 3
C. 5
D. 6

2. 占地面积大于（　　）m² 的甲、乙、丙类厂房和占地面积大于（　　）m² 的乙、丙类仓库，应设置环形消防通道。

A. 2 000，1 500
B. 1 500，2 000
C. 3 000，1 500
D. 3 000，2 000

3. 一般消防车消防作业的尽端式消防通道回车场地面积为（　　）。

A. 12 m×12 m
B. 18 m×18 m
C. 15 m×18 m
D. 12 m×18 m

4. 消防通道的坡度不宜大于（　　）%。

A. 1
B. 3
C. 2
D. 1.5

5. 建筑高度为 12 m 的 2 级耐火建筑，与周边耐火等级为 2 级的高层住宅建筑间距应不小于（　　）m。

A. 13
B. 11
C. 9
D. 7

二、简答题

1. 在建筑总平面消防布置图中，哪些建筑需要设置环形消防通道？

2. 简述总平图消防通道的尺寸要求和坡度要求。

教学视频：深化设计——总平面消防布置图　知识链接：深化设计——总平面消防布置图

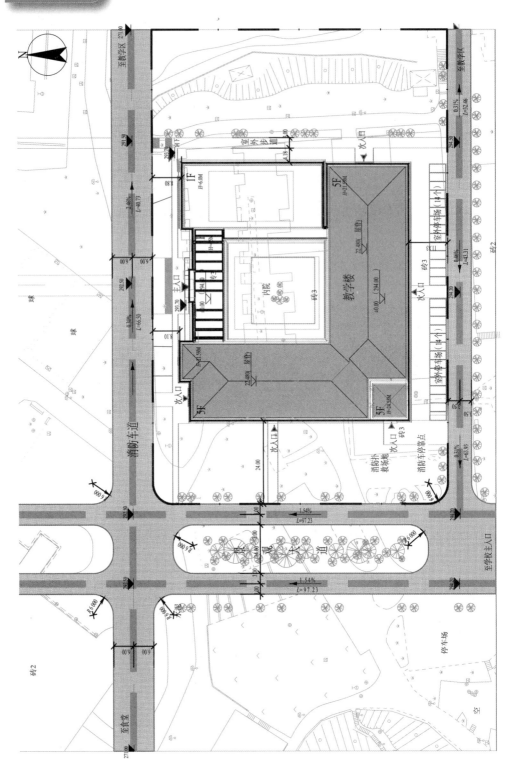

图 6-4 总平面消防布置图

任务五 绘制建筑总平面绿化布置图

任务清单 6-6 深化设计：总平面绿化布置图

项目名称	任务清单内容
任务情境	总平面绿化布置图应明确界定每块绿地的边界和范围，重点是需要明确绿地面积核算，及绿地、步道、水域、建筑小品及故事古迹等保护范围等（图 6-5）。 建筑总平面的绿化布置图不是园林景观设计图
任务目标	理解总平面绿化布置图的重点设计内容和图示方法； 掌握 BIM 绘制和注释总平面绿化布置图的方法
任务要求	请根据任务情境，通过网络搜索和学习，完成以下任务： （1）了解总平面绿化布置图图示的内容； （2）了解总平面布置图添加的注释
任务思考	如何在 BIM 中统计每块绿地的面积信息？运用什么工具？
任务实施	（1）复制视图、整理图面： （2）红线范围内绿地边界：

项目名称	任务清单内容
任务实施	（3）绿化面积统计表： （4）指北针、比例：
任务总结	通过完成上述任务，你学到了哪些知识或技能？
实施人员	
任务点评	

教学视频：深化设计——总平面绿化布置图　　知识链接：深化设计——总平面绿化布置图

实例图纸

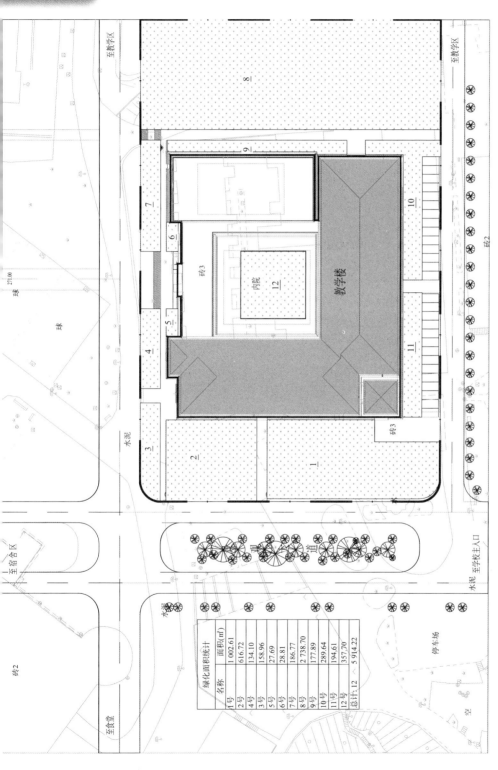

绿化面积面积统计	
名称	面积(m²)
1号	1 002.61
2号	616.72
4号	134.10
3号	158.96
5号	27.69
6号	28.81
7号	186.77
8号	2 738.70
9号	177.89
10号	289.64
11号	194.61
12号	357.70
总计-12	5 914.22

图6-5 总平面绿化布置图

项目七

建筑平面图设计

1. 理解建筑平面图的形成原理及重要性；
2. 熟悉建筑平面图的表达内容和图示方法；
3. 熟悉建筑各层平面图的深度要求；
4. 学会建筑各层平面图的主要设计内容和设计方法；
5. 学会建筑平面图的注释方法。

1. 能运用所学知识，准确在各层平面图中绘制对应图样；
2. 能清楚地表达各层平面的定位与定量、标示与索引；
3. 能运用 BIM 软件绘制符合制图标准和深度要求的建筑平面图。

1. 锻炼学生的工程伦理素养，既能从科学和技术的角度看工程，又能从职业和职业活动的角度看工程；
2. 设计制图过程中培养细心踏实、思维敏捷的职业精神；
3. 初步培养学生的社会责任感和职业素养。

天人合一，空间规划——中国古建布局之美

建筑平面图作为建筑设计、施工图纸中的重要组成部分，它反映建筑物的功能需要、平面布局及其平面的构成关系，是决定建筑立面及内部结构的关键环节。我国建筑文化自古重视平面的布局与组合，中国古代建筑的平面群体组合以及在外观上呈现出的大屋顶、建筑装饰、色彩运用等特色，不仅具有自己独特的实用价值及审美价值，而且充分体现了中国古代建筑文化的思想内涵。

中国古代建筑主要分为两种平面布局：一是整齐对称；二是曲折变化多样。整齐对称多用于比较庄严雄伟的都城、皇宫、坛庙、王府、宅邸、寺庙等，布局上讲究主次分明、左右对称。而这种布局主要是为了满足礼敬崇高、庄严肃穆的需要。曲折变化多样布局讲究因地制宜、相宜布置。其多用于风景园林、民居房舍及山村水镇等，布局方法根据山川地势、地理环境和自然条件来顺势灵活布局。而曲折变化多样的布局也适应了我国复杂的地理环境和多民族的不同文化特点。

党的二十大报告指出要"增强中华文明传播力影响力。坚守中华文化立场，提炼展示中华文明的精神标识和文化精髓，加快构建中国话语和中国叙事体系，讲好中国故事，传播好中国声音，展现可信、可爱、可敬的中国形象"。中国古建筑文化意蕴丰富而深邃，蕴含着浓郁的东方文化情调和哲学伦理思想，在世界建筑文化史上独树一帜，正是我们"深化文明交流互鉴，推动中华文化更好走向世界"的重要媒介。其平面和院落空间正是我们独有的艺术魅力，这种空间形态很好地适应了中国人的生活方式和家族观念，因此至今仍保持着极强的生命力。

任务一　建筑平面图的设计要求

子任务一　了解建筑平面图的形成与作用

1. 建筑平面图的形成

假想用一水平剖切平面（通常剖切位置选在离本层楼地面 1.2 ～ 1.5 m 的地方）将建筑物水平剖切开，对剖切平面以下的部分所作的水平正投影图，就是相应楼层的建筑平面图。各层平面图只是相应楼层"段"的水平正投影图。

建筑平面图主要表达建筑物的平面形状，房间的布局、形状、大小、用途、墙、柱的位置，门窗的类型、位置、大小，各部分的联系，以及各类构配件的尺寸等，是该层施工放线、墙体砌筑、门窗安装、室内装修的主要依据，也是建筑施工图最基本的、最重要的图样。

一幢建筑物需要表达的平面数量，主要根据该建筑物在不同楼层所表达的内容（功能、空间）是否相同来决定。例如建筑 2 ～ 5 层的内容完全相同，只是高度不同，那么可以只绘制一张平面图纸，并注明图纸上所有楼层的标高就可以了，这可以称为标准层。一般一栋建筑的平面图纸有地下层平面图、首层平面图、楼层平面图、顶层平面图和屋顶平面图。

★ 注意

还有一些专项内容的解析图，如防火分区示意图，通常以缩小比例的示意图的方式进行表达。

---

2. 建筑平面图的作用

平面图是建筑专业施工图中最主要、最基本的图纸，以它为依据建立建筑施工图模型，进而生成建筑专业其他图纸，如立面图、剖面图及一些详图。同时建筑平面图也是其他工种进行相关设计和制图的依据，反之，其他工种（特别是结构和设备）对建筑的技术要求也主要在平面图中表示（如墙厚、柱子断面尺寸、管道竖井、留洞、地沟、地坑等）。因此，平面图与其他建筑施工图相比，则较为复杂，绘制也要求全面、准确、简明。

子任务二　建筑平面图的设计内容

任务清单 7-1　建筑平面图设计的表达内容

项目名称	任务清单内容
任务情境	我们常常听老一辈的建筑设计师说，建筑平面图是建筑施工图最基本、最重要的图样，那么在建筑施工图设计阶段，建筑平面图主要包括哪些内容？如何定位与定量？哪些地方需要标示与索引？
任务目标	了解建筑平面图表达的图样内容，熟悉建筑平面图的定位方法
任务要求	请根据任务情境，通过网络资源检索和学习，完成以下任务： （1）了解在施工图设计阶段，建筑平面图设计表达的图样； （2）了解建筑平面图的定位方法
任务思考	当建筑方案进入建筑施工图设计阶段后，建筑平面图的设计表达应达到什么深度？
任务实施	（1）建筑平面图需要表达的图样内容： 　　（2）建筑平面图的编制顺序：
任务总结	通过完成上述任务，你学到了哪些知识或技能？
实施人员	
任务点评	

教学视频：建筑平面施工图设计的表达内容

知识链接：建筑平面施工图设计的表达内容

任务清单 7-2 建筑平面图设计的图示要求

项目名称	任务清单内容
任务情境	目前某建筑设计公司的教学楼设计项目正在进行施工，但最近设计方频繁接到施工方和业主方电话，表示教学楼项目的建筑平面图上有很多不清楚的地方，需要现场沟通；有些楼层图纸上的具体构件尺寸未标注，也需要出图纸补充说明。 　　鉴于以上情况，设计方在施工图设计阶段，应加强对施工图阶段的制图要求，作为设计师，也应尽量让自己设计的图纸全面详尽，避免增加后期的沟通成本
任务目标	熟悉建筑平面图的图示要求，理解建筑平面图尺寸标注、标高标注的要求
任务要求	请根据任务情境，通过网络资源检索和学习，完成以下任务： （1）了解建筑平面图的图线、比例等图示要求； （2）了解建筑平面图需要标注的定位尺寸； （3）了解建筑平面图中的定量尺寸的简化、定位尺寸的简化
任务思考	建筑平面图中，需要用粗实线强调建筑外轮廓吗？
任务实施	（1）建筑平面图的不同线型对应的图样： （2）建筑平面图的注释要求：
任务总结	通过完成上述任务，你学到了哪些知识或技能？
实施人员	
任务点评	

教学视频：平面图图示要求　　知识链接：建筑平面施工图设计的图示要求

任务二 建筑首层平面图设计

任务清单 7-3 建筑首层平面图设计要点及绘制方法

项目名称	任务清单内容
任务情境	建筑物的首层是地上部分与地下的相邻层，并与室外相通，因而必然成为建筑物上下和内外交通的枢纽。就图纸本身而言，首层平面图（图 7-1）是地上其他各层平面和立面、剖面的"基本图"。因为地上各层的柱网及尺寸、房间布置、交通组织、主要图纸的索引，往往在首层平面图首次表达，所以，在查看建筑物的各层平面图时会发现，建筑的首层平面图中，图纸内容及注释信息是最多的，设计要求也比较复杂，特别是对刚刚开始学习做施工图设计的学生或设计者而言，往往漏掉很多图样或者注释与索引，如缺墙体的墙厚说明、缺地面伸缩缝位置尺寸及索引、缺图例、缺室内外标高或忽略无障碍设计等。 在前期 BIM 模型创建好之后，怎么根据建筑模型完成建筑首层平面图的深化设计与表达？按照什么步骤能尽量避免出现以上问题？
任务目标	熟悉建筑首层平面图的设计步骤； 掌握深化设计建筑首层平面图的方法
任务要求	请根据任务情境，通过网络资源检索和学习，完成以下任务： （1）了解建筑首层平面图的图样表达； （2）了解建筑首层平面图中的无障碍设计，挡墙、散水和地沟的设计； （3）了解建筑首层平面图的尺寸、标高注释； （4）了解建筑首层平面图的详图索引
任务思考	在建筑首层平面图中，无障碍设计需要考虑的内容： 在建筑首层平面图中，首层面积的统计：
任务实施	（1）检查 BIM 模型首层平面图中各个图样的视图设置：

项目名称	任务清单内容
任务实施	（2）按照建筑施工图深度要求，添加建筑构件的定位、定量信息： （3）按照建筑施工图深度要求，进行室内外标高注释： （4）按照建筑施工图深度要求，为项目需要详图表达的位置添加索引： （5）检查图例、指北针、面积统计等：
任务总结	通过完成上述任务，你学到了哪些知识或技能？
实施人员	
任务点评	

点睛

（1）建筑物的首层应绘制出室外台阶、坡道、散水、花池、平台、雨水管和室内的暖气沟、人孔等位置以及剖面图的剖切线（宜向上、向左投影）。

（2）首层地面的相对标高一般为 ±0.000，其相应的绝对标高值一般应分别在首层平面图或施工图设计说明中注明。

在各主要出入口处的室内、室外应注明标高，在室外地面有高低变化时，应在典型处分别注出设计标高（如踏步起步处、坡道起始处、挡土墙上下处等）。在剖面的剖切位置也宜注出，以便与剖面图上的标高及尺寸相对应。

（3）剖切面应选在层高、层数、空间变化较多，最具有代表性的部位；剖切线编号一般注在首层平面图上。

（4）指北针应画在首层平面图上，宜位于图面的右上角；建筑平面分区绘制时，其组合示意图的画法见《房屋建筑制图统一标准》（GB/T 50001—2017）。

（5）简单的地沟平面可画在首层平面图内。复杂的地沟应单独绘制，以免影响首层平面图的清晰。

（6）外排水雨水管的位置除在屋面平面图中图示，还应在首层平面图中图示出来。

（7）部分建筑的首层入口应按相关规范规定的范围做无障碍设计。

做中学 学中做

一、单选题

根据《无障碍设计规范》（GB 50763—2012）的规定，本工程的出入口无障碍坡道设计坡度为____，净宽度≥ ____ mm。（   ）

　　A. 1/10，1 500　　　　B. 1/12，1 500　　　　C. 1/12，1 200　　　　D. 1/10，1 200

二、填空题

室外散水宽度 L 宜为____ mm，当采用无组织排水时，散水的宽度可比檐口线宽出____ mm；坡度可为 3% ~ 5%，一般取____%；当散水采用混凝土时，宜按____ m 间距设置伸缩缝。散水与外墙之间宜设缝，缝宽可为 20 ~ 30 mm，缝内应填沥青类材料。

三、简答题

简述 BIM 软件中建筑首层平面图的深化设计步骤。

教学视频：首层平面图设计

知识链接：建筑首层平面图设计要点及绘制方法

本次实践项目没有地下层，因此书中不展开讲解，其他项目需要学习地下层的平面图设计要点和绘制方法，请扫码查看【知识链接】。

知识链接：地下层平面图设计方法

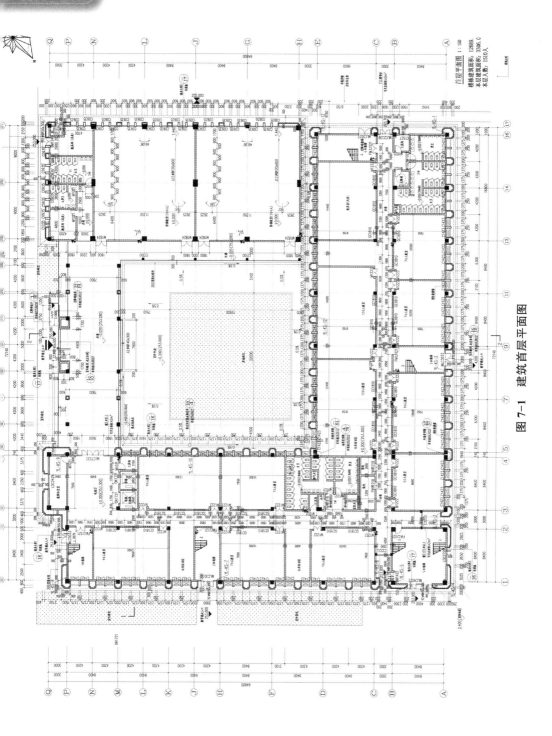

图 7-1 建筑首层平面图

任务三　建筑楼层平面图设计

任务清单 7-4　建筑楼层平面图设计

项目名称	任务清单内容
任务情境	项目进入施工图设计阶段，结构体系和布置已基本定型，除首层和与主体相连接的楼层外，各个楼层可以向内缩减或者部分向外悬挑，但其平面一般重复性较大。因此在楼层平面图中，往往重点设计表达有变化的部分。例如从以下教学楼项目的立面图可以看到，建筑分别在 2 层、5 层有造型线条，5 层开窗大小、方式和外立面造型有变化，同时还有出屋面的楼梯间
任务目标	熟悉建筑楼层平面图的设计步骤； 掌握深化设计建筑楼层平面图的方法； 掌握简化建筑楼层平面图的方法
任务要求	请根据任务情境，通过网络资源检索和学习，完成以下任务： （1）进行建筑楼层平面图的图样表达； （2）进行建筑楼层平面图的注释和索引； （3）进行建筑楼层平面图中的 BIM 视图简化和整理
任务思考	（1）在绘制建筑楼层平面图时，在首层平面中已经索引的楼梯间和卫生间等，是否还需要在每张楼层平面图中索引强调？ 　　（2）若该建筑首层设有雨篷，二层平面图是否必须单独绘制？
任务实施	（1）整理楼层平面图元显示方式以达到制图深度要求：

项目名称	任务清单内容
任务实施	（2）为各楼层增加变化部分注释： ①2层： ②3（4）层： ③5层： （3）索引：
任务总结	通过完成上述任务，你学到了哪些知识或技能？
实施人员	
任务点评	

建筑楼层平面图设计

（1）楼层平面是指建筑物2层和2层以上的各层平面。

（2）完全相同的多个楼层平面（也称"标准层"）可以共用一个平面图形，但需注明各层的标高，且图名应写明层次范围（如4～8层平面图）。

（3）除开间、跨度等主要尺寸和轴线编号外，与底层或下一层相同的尺寸可省略，但应在图注中说明。窗号可保留，以便统计数量。又如在"5层平面图"中注有"5层以上墙身厚度未注明者均同本层"，故6层及以上的楼层平面图中，只注变化的墙厚，相同者不再重复标注，既省事又清楚。

（4）当仅是墙体、门、窗等有局部少量变动时，可以在共用平面图中就近用虚线表示，注明适用于哪些楼层即可（直接使用详图线绘制或者创建绘图视图，单独绘制后，在后期图纸布局时放置于就近位置）。

（5）当仅是某层的房间名称有变化时，只需在共用平面图的房间名称下，另加说明即可。

（6）当某层的局部变动较大，但其他部位仍相同时，可将该楼层的"剪裁区域可见"范围调整到变化部分的范围，后期图纸布局时，在其他相同部位的楼层局部用虚线引出即可（如本项目出屋面楼梯间部分）。因此，可以只绘制变化的局部平面，再加注说明即可，如图7-2所示。

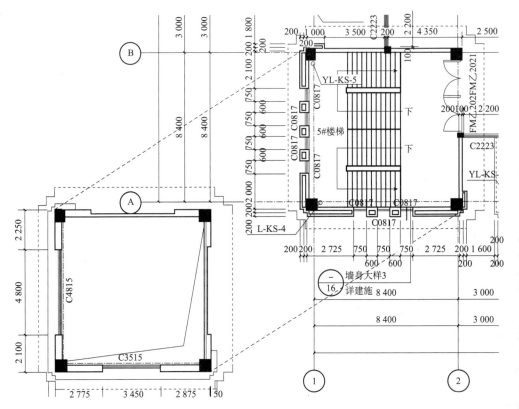

图7-2　绘制局部平面图并注明

（7）即使是在同一层平面内，按简化规律，也可既省力又清晰。例如某些对称的平□，对称轴两侧的门窗号与洞口尺寸完全相同，则可以保留门窗号，省略一侧的洞口尺□，文字注明同另一侧即可。

（8）各层中相同的详图索引都可以只在最初出现的楼层平面图中标注，其后各层则可□略，只注变化和新出现的部分，这样图面更清晰。

建筑楼层平面图如图 7-3 所示。

做中学　学中做

简答题

根据以上知识，请简要归纳在 BIM 建筑施工图设计过程中，可以从哪些方面简化楼□平面，以便于后期看图和指导施工。

教学视频：楼层平面图设计

知识链接：建筑楼层平面图设计

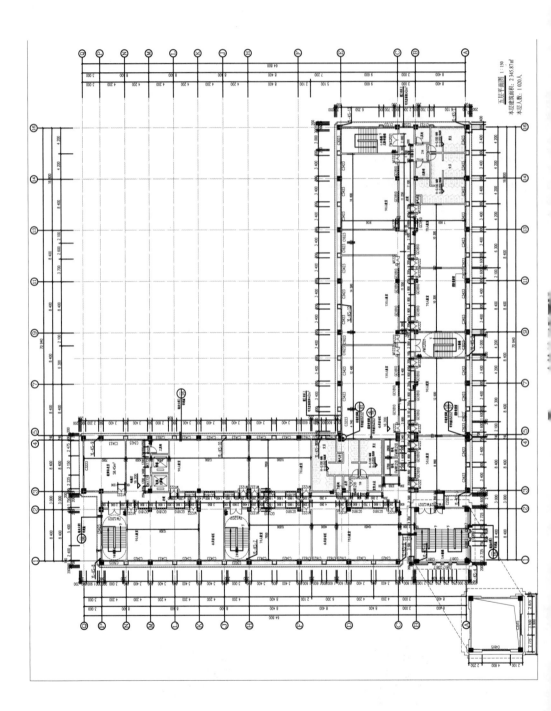

任务四 建筑屋顶平面图设计

任务清单 7-5 建筑屋顶平面图设计

项目名称	任务清单内容
任务情境	在中国传统建筑中，屋顶是建筑的第五立面。这是因为中国传统建筑的屋顶形式丰富，造型精美，是中国建筑文化的重要瑰宝，有极大的艺术与实用价值。本教学楼项目既有平屋顶，又有坡屋顶，且都在不同楼层关系上，那么在施工图设计阶段，我们还需要在屋顶平面图中解决哪些问题呢？ 施工图是给施工人员看的，主要用于指导现场施工（图 7-4）。那么在屋顶施工时，我们是否需要确定出建筑高度以及女儿墙、老虎窗、机房、设备井道、检修口、变形缝等的位置与构造做法？是否需要做屋面的排水设计？是否需要做屋面保温隔热、防水的构造设计？
任务目标	熟悉建筑屋顶平面图的设计内容； 掌握 BIM 建筑屋顶平面图的绘制方法
任务要求	请根据任务情境，通过网络资源检索和学习，完成以下任务： （1）完成屋面构件的定位与定量注释； （2）完成屋面的排水组织设计； （3）完成屋面构件及泛水、天沟等的构造设计
任务思考	（1）在屋面组织排水设计中，设置内、外排水方式的原则： （2）屋面防水构造设计的原则： （3）屋面的檐沟、泛水的设置原则： （4）设置屋顶平面的视图范围，保证屋顶平面图表达了建筑完整的屋顶关系（本项目屋顶关系不算复杂，整栋建筑的屋面设计绘制在一张屋顶平面图上）：

项目名称	任务清单内容
任务实施	（1）注释屋顶所有构件的尺寸及标高： （2）屋顶组织排水： （3）屋顶构件的构造做法：
任务总结	通过完成上述任务，你学到了哪些知识或技能？
实施人员	
任务点评	

建筑屋顶平面图设计

（1）设置雨水管排水的屋面，应根据当地的气候条件、暴雨强度、屋面汇水面积等因素，确定雨水管的管径和数量，并做好低处层面保护（雨水管下端拐弯、加混凝土水簸箕）。

（2）内排水落水口及雨水管布置应与水专业设计人员共同商定，在屋顶平面图中注明"内排雨水口"，详见水专业设计图纸。

（3）当有屋顶花园时，应注明屋顶覆土层最大厚度并绘出相应固定设施的定位，如灯具、桌椅、水池、山石、花坛、草坪、铺砌、排水等，并索引有关详图。

（4）檐口、天沟的布置应以不削弱保温层效果为原则。

（5）当一部分为室内，另一部分为屋面时，如出屋面楼梯间、屋面设备间、相邻屋顶平台房间室内外相交处（特别是门口处），应进行高差与防水处理。例如：室内外板虽然是同一标高，但因屋面找坡，保温、隔热、防水的需要，此时门口处的室内外宜设置踏步，或者做门槛防水，其高度应能满足屋面泛水高度的要求。

（6）冷却塔、风机、空调室外机等露天设备除绘制工艺提供的设备基础并注明定位尺寸外，宜用细线绘制该设备的外轮廓。

教学视频：屋顶平面图设计　　　　　　知识链接：建筑屋顶平面图设计

实例图纸

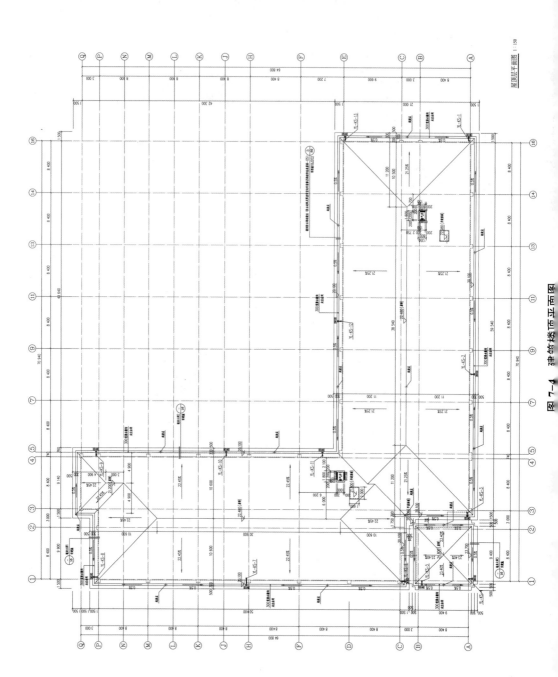

图 7-4 建筑楼顶平面图

屋顶层平面图 1:150

建筑立面图设计

知识目标

1. 理解建筑立面图的形成与作用；
2. 熟悉施工图设计阶段建筑立面图的深度要求；
3. 熟悉建筑立面图中的表达内容和图示方法；
4. 学会建筑立面的注释方法。

能力目标

1. 能运用所学知识，整理立面图样内容；
2. 能清楚地表达立面图的注释与索引；
3. 能运用BIM软件，绘制符合制图标准和深度要求的建筑立面图。

素质目标

1. 激发学生精益求精的大国工匠精神；
2. 在设计制图过程中锻炼细心踏实、思维敏捷的职业精神；
3. 培养学生的工程伦理素养，初步培养学生的社会责任感和职业素养。

水立方——"绿色奥运、科技奥运、人文奥运"

一座建筑物是否美观，在很大程度上取决于它在立面上的艺术处理，包括造型与材料是否优美，而随着社会的进步，立面设计更是处处体现人文与科技创造的理念。

国家游泳中心——"水立方"独特的立面设计思想就使它具有了别具一格的效果。在中国传统文化中，"天圆地方"的设计思想催生了"水立方"，它与圆形的"鸟巢"——国家体育场相互呼应，相得益彰。别看它的外表为方形，像一个个气泡，其实这些都是高科技薄膜——ETFE（乙烯－四氟乙烯共聚物）膜，是一种轻质新型材料，质量仅为同尺寸玻璃的百分之一。其具有有效的热学性能和透光性，可以调节室内环境，冬季保温、夏季隔热，还会避免建筑结构受到游泳中心内部环境的侵蚀。这种膜具有神奇的自愈能力，如果ETFE膜有一个破洞，不必更换，只需打上一块补丁，它便会自行愈合，过一段时间就会恢复原貌。同时ETFE膜材料韧性好，不会自燃，最神奇的是不沾尘土，"水立方"只要有一点风，就可以把土带走，自节清洁功能。

党的二十大报告中强调："加快发展方式绿色转型，发展绿色低碳产业，健全资源环境要素市场化配置体系，加快节能降碳先进技术研发和推广应用"，"推进工业、建筑、交通等领域清洁低碳转型"。在优秀的立面设计加持下，"水立方"也成为集绿色、智慧、科学、节约等多种特性于一体的精品工程。国际奥委会主席巴赫称赞，"水立方"是奥运场馆可持续发展的典范。

任务一　建筑立面图的设计要求

子任务一　了解建筑立面图的形成与命名

1. 建筑立面图形成

建筑立面图是建筑物的外视图，用来表达建筑的外形效果，是展示建筑物外貌特征及外墙面装饰的工程图样，是建筑施工图中进行高度控制与外墙装修的技术依据。

当建筑物有曲线或折线形的侧面时，可以将曲线或折线形的立面绘成展开立面图，以使各部分反映实形。内部院落的局部立面，可在相关剖面图上表示。剖面图未能表示完全的，需要单独绘出。有内院或中庭时，可以结合剖面一起表达。如图 8-1 所示，本项目中，需要单独绘制内院 2 个立面。

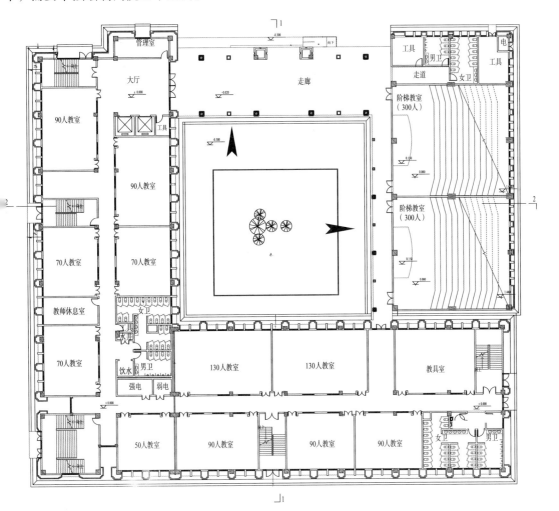

图 8-1　添加内院立面

　　BIM 建筑信息模型创建可以让我们在这个部分相对轻松，不需要再手动绘制这两个立面的所有图样，只需要在内院部分添加两个剖面即可。

2. 立面图的命名

　　一般是根据平面图的朝向（如东立面图）、外貌特征（如正立面图）和两端的定位轴线编号 3 种方式进行命名的（如①～⑦轴立面图），如图 8-2 所示。施工图阶段的立面图设计是为了明确设计意图，准确表达设计内容，一般采用轴号的方式命名立面图。

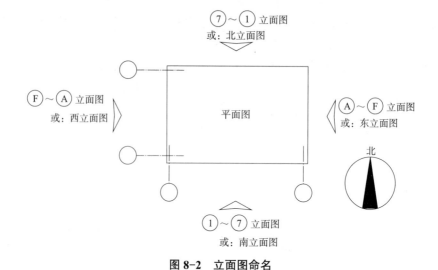

图 8-2　立面图命名

子任务二　建筑立面图的图示内容及深度要求

任务清单 8-1　建筑立面施工图设计的图示内容及深度要求

项目名称	任务清单内容
任务情境	下图为某教学楼的建筑平面图，从图中我们可以看到建筑整体造型呈 E 形，从项目各个朝向的东、西、南、北立面图中，无法看到建筑几个内侧的立面造型，无法全面反映建筑的外貌特征。另外，已有的立面图中，剖切到的场地图样稍显混乱，地平线以上的图样内容全部为细线，未做线型区分，建筑高度变化的屋面未标示出来，立面材料及构造等也未引注表达。 　　对于以上情境，应如何深化立面施工图设计？
任务目标	熟悉建筑立面图的图示要求，理解建筑立面图的注释和索引要求，绘制完成项目 6 个立面图（包括内院 2 个立面）
任务要求	请根据任务情境，通过网络资源检索和学习，完成以下任务： （1）了解建筑立面图的图线、比例等图示要求； （2）了解建筑立面图需要添加的索引
任务思考	建筑立面图中，如何简化？
任务实施	（1）添加需要单独绘制的内院立面：

项目名称	任务清单内容
任务实施	（2）6个建筑立面图的图样整理： （3）过滤不需要在立面图上表达的屋顶饰面层： （4）建筑外立面的场地、环境整理： （5）加粗地平线、轮廓线设置：
任务总结	通过完成上述任务，你学到了哪些知识或技能？
实施人员	
任务点评	

点睛

（1）建筑立面图一般用两端轴号定位。

（2）建筑立面图主要表达出立面外轮廓及主要结构和建筑构造部件的位置，如女儿墙、檐口、柱、变形缝、室外楼梯和垂直爬梯、室外空调机搁板、阳台、栏杆、台阶、坡、花台、雨篷、烟囱、勒脚、门窗、幕墙、洞口、门头、雨水管，以及其他装饰构件、脚和粉刷分格线等。

（3）各个方向的立面应绘齐全，但差异小、左右对称的面可简略；内部院落或看不到局部立面，可在相关剖面图上表示，若剖面图未能表示完全，则需单独绘出。

（4）同一个项目的建筑立面图与建筑平面图采用同一比例。

建筑立面图如图 8-3 所示。

做中学　学中做

判断题

1. 建筑立面图的外轮廓用粗线表示。　　　　　　　　　　　　　（　　）

2. 建筑立面图中不需要轴线定位。　　　　　　　　　　　　　　（　　）

教学视频：建筑立面图图示内容

知识链接：建筑立面施工图设计的
图示内容及深度要求

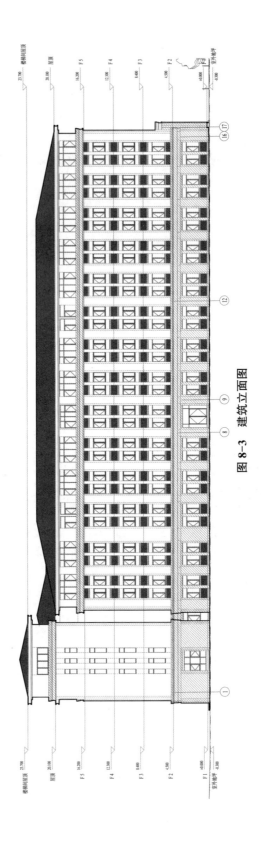

图 8-3 建筑立面图

任务二 建筑立面图注释

任务清单 8-2 建筑立面图的注释及索引

项目名称	任务清单内容
任务情境	建筑立面图是建筑施工中进行高度控制与外墙装修的技术依据，在以前通过二维绘图设计建筑立面时，比较常见的问题是建筑立面与建筑平面不一致。一方面是因为立面细节与建筑平面看线、投影线之间的关系未表达清楚；另一方面是因为施工图设计阶段，建筑平面或立面的细微调整之后，对应的图纸修改未及时跟上，导致彼此表达不一致。但基于 BIM 技术做建筑施工图设计，就可以完全避免以上情况，所有调整都实时反映到各个视图的图样上。 　　因此，在立面图样整理完成如下图之后，再对立面的主要结构和建筑构造部位进行注释，如女儿墙顶、檐口、烟囱、阳台、雨篷、台阶、勒脚等关键控制标高的标注，以及立面材料名称、颜色和节点构造索引，用作指导施工和项目验收的技术依据
任务目标	掌握建筑立面图的注释和索引方法
任务要求	请根据任务情境，通过网络资源检索和学习，完成以下任务： （1）标注建筑立面图的尺寸、标高、文字注释； （2）标注建筑立面图的详图索引
任务思考	在施工图阶段的建筑立面图绘制，基于 BIM 的立面图绘制和传统 CAD 制图的立面图绘制有何不同？
任务实施	（1）为建筑立面图添加竖向尺寸注释：

项目名称	任务清单内容
任务实施	（2）为建筑立面图添加标高： （3）为建筑立面图添加详图索引： （4）添加立面图图例：
任务总结	通过完成上述任务，你学到了哪些知识或技能？
实施人员	
任务点评	

点睛

（1）建筑的总高度、楼层位置辅助线、楼层数和标高及关键控制标高的标注，如女儿墙或檐口标高等；外墙的留洞应注尺寸与标高或高度尺寸。

（2）平、剖面图未能表示出来的屋顶、檐口、女儿墙、窗台以及其他装饰构件、线脚等的标高或尺寸。

（3）各部分装饰用料名称或代号，其他图上无法表达的构造节点详图索引。

①～⑰轴立面图如图 8-4 所示。

做中学　学中做

简答题

简述在 BIM 软件中如何简化建筑立面图。

教学视频：建筑立面图注释

知识链接：建筑立面图的注释及索引

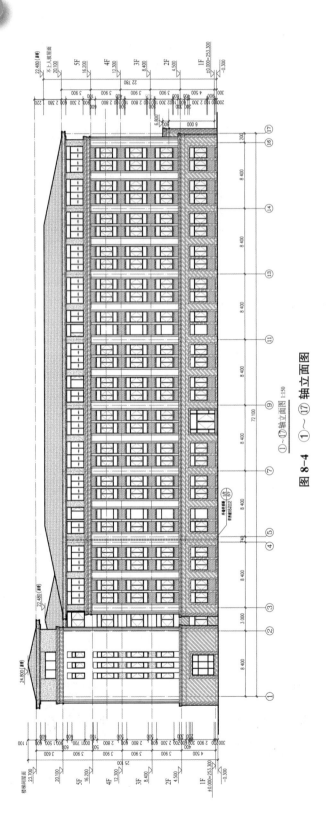

① ~ ⑰ 轴立面图 1:150

图 8-4 ① ~ ⑰ 轴立面图

项目九

建筑剖面图设计

知 识 目 标

1. 理解建筑剖面图的形成原理；
2. 了解施工图设计阶段建筑剖面图的位置选择原则；
3. 学会建筑剖面图中的表达内容和图示方法；
4. 学会建筑剖面图的注释方法。

能 力 目 标

1. 能运用所学知识，整理剖面图样内容；
2. 能清楚地表达剖面图的注释与索引；
3. 能运用 BIM 软件，绘制符合制图标准和深度要求的建筑剖面图。

素 质 目 标

1. 在设计制图过程中锻炼细心踏实、思维敏捷的职业精神；
2. 培养学生的工程伦理素养，激发学生精益求精的大国工匠精神。

曲线建筑女王，天赋的背后是努力的结果

设计人员通过剖面图的形式形象地表达设计思想和意图，使阅图者能够直观地了解工程的概况或局部的详细做法以及材料的使用。剖面图体现的正是建筑内部的结构和空间之美。

说到建筑的剖面之美，就必须要提到当代建筑艺术领域中最有天赋的设计师——扎哈·哈迪德。她认为建筑应该像一条曲线那样，有种流动的美，一个连一个，在约束中解放出来。她在建筑设计中打破建筑带来的生硬，用极具表现力的设计，展示建筑原本缺少的运动感。在哈迪德的设计中，最为标志性的特征是"曲线"。再硬挺的建筑，经过她的解构，都能表现出一种特别的流动感。大家知道北京大兴国际机场、广州歌剧院、南京国际青年文化中心、望京 SOHO 和上海虹桥凌空 SOHO 等伟大建筑的设计师是谁吗？实际上我们在国内看到的大量自带"流淌"效果的建筑，都是出自这位女建筑师之手。

她是历史上第一位获得普利策建筑奖的女性建筑师（相当于诺贝尔的建筑奖），人称"建筑界女魔头"。在男性云集的建筑业，哈迪德能够取得如此辉煌的成就，凭的全是自己多年的不懈努力。成功的道路从来都不是一帆风顺。哈迪德也遭受过很多重大挫折。正如评审团所指出的那样，哈迪德获得世人认可之路，是"英雄式的奋斗历程"。

任务一 建筑剖面图的设计要求

子任务一 了解建筑剖面图的形成与作用

（1）形成：建筑剖面图是与建筑平面图、立面图配套的，表达建筑物形体概况的基本图样之一，表示建筑物垂直方向房屋各部分组成关系。

建筑剖面图用来表示建筑各部分的高度、层数、建筑空间的组合利用，以及建筑剖面中的结构、构造关系、垂直方向的分层情况，各层楼地面、屋顶的构造做法及相关尺寸、标高等。

（2）命名：剖面图的名称必须与首层平面图上所标的剖切位置和剖视方向一致，一般采用数字"1—1"或字母"A—A"的方式表示，如图9-1所示。

（3）BIM剖面图：在建筑信息模型中，只需要添加剖面视图即可，便可以自动生成对应的剖面视图，然后调整剖面视图的视图设置，添加相关注释及索引，以达到施工图设计深度要求。

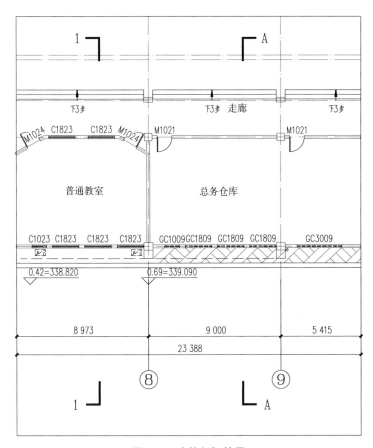

图9-1　建筑剖切符号

子任务二　建筑剖面图的图示内容及深度要求

任务清单 9-1　建筑剖面图设计的图示内容及深度要求

项目名称	任务清单内容
任务情境	当对项目的总平面图、各层平面图和立面图进行深化设计后，需要更进一步通过剖面图来表达建筑各个部分的高度、层数和内部空间的组合利用，在施工图设计阶段，尤其需要通过剖面图表达建筑内部的结构、构造关系、垂直方向的分层情况等。 　　下图为在本项目 BIM 模型中添加的剖面图，剖面图完全如实地反映了项目模型的垂直方向关系。在剖面图中，具有大量干扰我们读图的辅助线，楼板、墙体等图示设置也不符合施工图深度设计要求，剖切到的场地台阶、散水、地沟、花台等都未做设置处理，中庭内部花台的植物已经遮挡住后面的建筑实体。鉴于以上情况，我们应如何调整剖面的视图设置，以达到施工图出图要求？ 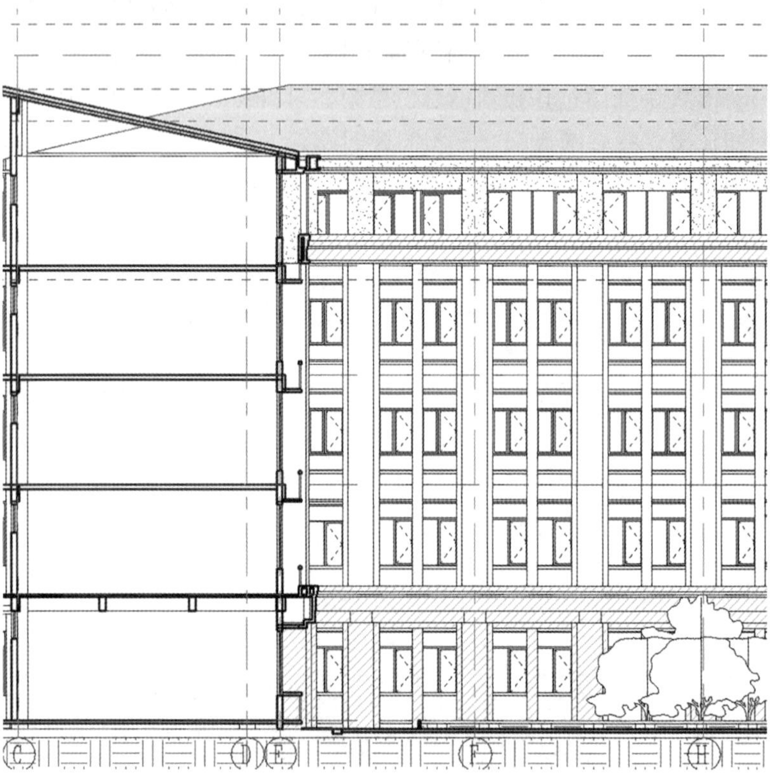 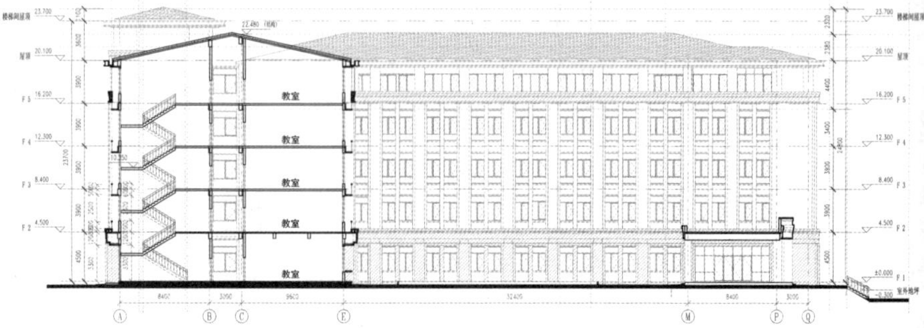

项目名称	任务清单内容
任务目标	熟悉建筑剖面图的图示要求，尤其是图线设置
任务要求	请根据任务情境，通过网络资源检索和学习，完成以下任务： （1）添加剖面视图； （2）完成剖面图的图示内容设置
任务思考	项目设计进入施工图设计阶段，一般作出多少个剖面图？ 作为建筑设计师，是以什么原则来决定某一项目的剖面图数量的？
任务实施	（1）为本项目添加剖面图： （2）设置剖切到的楼板、梁的图示方式： （3）设置剖切到的墙体图线表达： （4）调整剖切到的地面及散水、台阶图示方式： （5）设置植物配景： （6）检查图线：
任务总结	通过完成上述任务，你学到了哪些知识或技能？
实施人员	
任务点评	

点睛

（1）剖视位置应选在层高不同、层数不同、内外部空间比较复杂、具有代表性的部位，建筑空间局部不同处以及平面、立面均表达不清楚的部位，可绘制局部剖面图。

（2）图示出剖切到的墙、柱轴线和轴线编号。

（3）按照制图要求，完整表达剖切到或可见的主要结构和建筑构造部件，如室外地面、首层地（楼）面、地坑、地沟、各层楼板、夹层、平台、吊顶、屋架、屋顶、出屋面烟囱、天窗、挡风板、檐口、女儿墙、爬梯、门、窗、外遮阳构件、楼梯、台阶、坡道、散水、平台、阳台、雨篷、洞口及其他装修等可见的内容。

建筑剖面图如图9-2所示。

做中学 学中做

简答题

简述建筑剖面图中的图线设置要求。

教学视频：建筑剖面图图示内容　　知识链接：建筑剖面施工设计的
　　　　　　　　　　　　　　　　　　　图示内容及深度要求

实例图纸

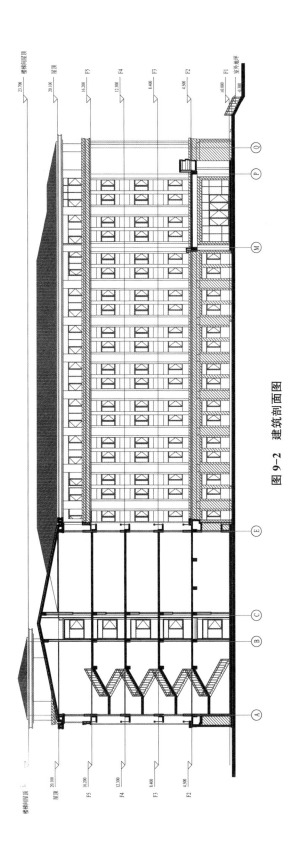

图 9-2 建筑剖面图

任务二　建筑剖面图注释

任务清单 9-2　建筑剖面图的注释及索引

项目名称	任务清单内容
任务情境	下图是从 BIM 中整理出来的剖面图样，从图中可以看到地面、楼板、屋面和门、窗洞、栏杆等构件的图样表达。但现场施工时，施工人员无法按照这样的图纸施工。因为图面上并没有表达出各个剖切到的和看到的构件尺寸（如门窗洞口高度、女儿墙高度、阳台栏杆高度，地面、楼面平台、雨篷、屋面檐口、高出屋面的建筑物、构筑物及其他屋面特殊构件等的标高），也没有表达出以上各个构件的构造做法。 　　因此在剖面图样完成之后，需要进一步绘制剖面的尺寸、标高注释与构造做法索引 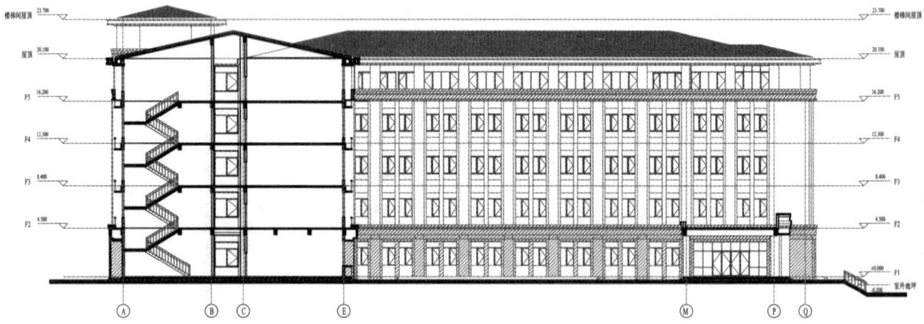
任务目标	掌握建筑剖面施工图的注释和索引方法
任务要求	请根据任务情境，通过网络资源检索和学习，完成以下任务： （1）进行建筑剖面图的尺寸、标高、文字注释； （2）进行建筑剖面图中可见的构造节点详图索引
任务思考	在剖面图中，需要在哪些部位标注标高注释？
任务实施	（1）尺寸注释：

续表

项目名称	任务清单内容
任务实施	（2）标高注释： （3）节点构造详图索引：
任务总结	通过完成上述任务，你学到了哪些知识或技能？
实施人员	
任务点评	

点睛

（1）高度尺寸。

①外部尺寸：门、窗、洞口高度、层间高度、室内外高差、女儿墙高度、阳台栏杆高度、总高度。

②内部尺寸：地坑（沟）深度、隔断、内窗、洞口、平台、吊顶等。

（2）标高。主要结构和建筑构造部件的标高，如地面、楼面（含地下室）、平台、雨篷、吊顶、屋面板、屋面檐口、女儿墙顶、高出屋面的建筑物、构筑物及其他屋面特殊构件等的标高，室外地面标高。

（3）节点构造详图索引号。

（4）图纸名称、比例。

2—2 剖面图如图 9-3 所示。

教学视频：建筑剖面图注释　　　知识链接：建筑剖面图的注释及索引

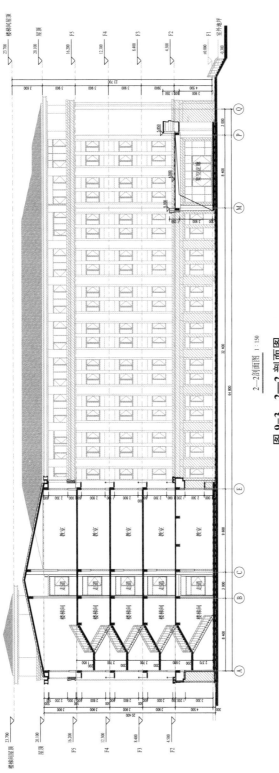

图 9-3　2—2 剖面图

项目十

详图设计及设计说明

知 识 目 标

1. 理解详图的作用;
2. 了解标准图集的选用方法;
3. 学会建筑节点构造设计及图示方法。

能 力 目 标

1. 能运用 BIM 软件,绘制局部放大平面详图、墙身详图、节点详图;
2. 能运用 BIM 软件,生成门窗表及门窗详图;
3. 能运用 BIM 软件,为项目编写工程总设计说明;
4. 能运用标准图集,简化设计图纸。

素 质 目 标

1. 通过详图设计,锻炼学生对细节的把握,激发学生精益求精的大国工匠精神;
2. 通过节点的构造设计,使学生认识到作为建筑从业者、建设者,也要顺应时代潮流,守程序,懂原则;
3. 进一步提高学生的职业素养。

梁柱间的史诗——《营造法式》

建筑详图和设计说明可以详细表达建筑细部的形状、层次、尺寸、材料和做法等，是建筑施工、工程预算的重要依据。现在大家都知道详图与设计说明的重要性，但是大家是否知道，我国早在宋朝就曾出现这么一部建筑科学的百科全书呢？

北宋中期，建筑的各种设计标准、规范和有关材料、施工定额、指标急待制定，以明确房屋建筑的等级制度、建筑的艺术形式及严格的料例功限以防贪污盗窃，将作监李诫编写的《营造法式》正是这部著作。全书共计36卷，分为5个部分：释名、诸作制度、功限、料例和图样，前面还有"看详"和目录各1卷。"看详"主要是说明各种以前的固定数据和做法规定及做法由来，如屋顶曲线的做法。

党的二十大报告指出："加大文物和文化遗产保护力度，加强城乡建设中历史文化保护传承，建好用好国家文化公园。坚持以文塑旅、以旅彰文，推进文化和旅游深度融合发展。"《营造法式》曾一度失传，后经新中国第一代建筑大师梁思成、林徽因夫妇毕生努力研究注释方再现世人面前。《营造法式》就像一部大宝藏，它的现代意义在于揭示了北宋统治者的宫殿、寺庙、官署、府第等木构建筑所使用的方法，使我们能在实物遗存较少的情况下，对当时的建筑有非常详细的了解，填补了中国古代建筑发展过程中的重要环节。通过书中的记述，我们还知道现存建筑所不曾保留的、如今已不使用的一些建筑设备和装饰，如檐下铺竹网防鸟雀，室内地面铺编织的花纹竹席，椽头用雕刻纹样的圆盘、梁栿用雕刻花纹的木板包裹等。这些都是我们中华文明的瑰宝。

任务一　建筑详图设计基础知识

从建筑的平面图、立面图、剖面图上虽然可以看到房屋的外形，平面布置、立面概况和内部构造及主要尺寸，但是由于图幅的限制，局部细节的构造在这些图上不能够明确地表达出来。为了清楚地表达这些细节构造，用较大的比例（1∶20、1∶10、1∶5等）将房屋的细部或构配件的形状、大小、材料和做法，按正投影的画法详细地表示出来，称为建筑详图，也称建筑大样图。

建筑详图一般应表达出构配件的详细构造，例如：所用的材料及其规格、各部分的连接方法和相对位置关系；各部位、各细部的详细尺寸，包括需要标注的标高及有关施工要求和做法的说明等。同时，详图必须绘出详图符号，应与被索引的图样上的索引符号对应。

1. 建筑详图的特点

（1）**大比例**：在详图上应画出建筑材料图例符号及各层次构造，如抹灰线。

（2）**全尺寸**：图中所画出的各构造，除用文字注写或索引外，都需详细注出尺寸。

（3）**详图说明**：详图是建筑施工的重要依据，不仅要大比例，还必须确保图例和文字详尽清楚，有时还引用标准图。

2. 建筑详图的分类

（1）房间详图。房间详图是将某一房间用更大的比例绘制出来的图样，如楼梯间详图、电梯间详图、卫生间详图和厨房详图等。一般来说，这些房间的构造或固定设施都比较复杂。

（2）节点详图。节点详图用索引和详图表达某一节点部位的构造、尺寸、做法、材料、施工要求等。最常见的节点详图是内外墙的平面和剖面节点构造详图，它是将内外墙各构造节点等部位，按其位置集中画在一起构成的局部剖面图。节点详图有屋面、墙身内外饰面、吊顶、地面、地沟、地下工程防水、楼梯等建筑部位的用料和构造做法。其中大多数都可直接引用或参见相应的标准图，否则应画详图节点。

（3）建筑构配件详图。建筑构配件详图是表达某一构配件的形式、构造、尺寸、材料、做法的图样，如门窗详图、雨篷详图、阳台详图，一般情况下采用国家和某地区编制的建筑构造和构配件的标准图集。另外，还有一些也只需提供形式、尺寸、材料要求，由专业厂家负责进一步设计、制作和安装，如各种幕墙、钢构雨篷等。

（4）装修详图。装修详图是指为美化室内外环境和视觉效果，在建筑物上所做的艺术处理，如花格窗、柱头、壁饰、地面图案的纹样、用材、尺寸和构造等。

3. 标准图集的选用

为了简化设计图纸，设计应尽量选用标准图集，选用的图集必须能适合在本工程所处区使用，并能满足本工程设计要求，在引用时要注意以下几点：

（1）用前了解图集使用范围、限制条件和索引方法。

（2）注意图集是否符合现行规范。

（3）选用的标准要恰当，应与本工程项目的性质、类别符合。

（4）切忌交代不清以"参照"搪塞。只有主要内容相同，个别尺寸或局部条件改变
，才可"参照"且宜注明何处不同。

点睛

（1）内外墙、屋面等节点，绘出不同构造层次，表达节能设计内容，标注各材料名称
具体技术要求。注明细部和厚度尺寸等。

（2）楼梯、电梯、厨房、卫生间等局部平面放大图和构造详图，注明相关的轴线和轴
编号以及细部尺寸、设施的布置和定位、相互的构造关系和具体技术要求等。

（3）室内外装饰方面的构造、线脚、图案等，标注材料及细部尺寸、与主体结构的连
构造等。

（4）窗、幕墙绘制立面，对开启面积大小和开启方式、与主体结构的连接方式、用料
质、颜色等做出规定。

（5）对另行委托的幕墙、特殊门窗，应提出相应的技术要求。

（6）其他凡在平面图、立面图、剖面图或文字说明中无法交代或交代不清的建筑构配
和建筑构造，要引出大样。

（7）对紧邻的原有建筑，应绘出其局部的平面图、立面图、剖面图，并索引新建筑与
有建筑结合处的详图号。

任务二　楼梯详图

任务清单 10-1　绘制楼梯平面详图

项目名称	任务清单内容
任务情境	一般将平面图、立面图、剖面图的比例定在 1∶100 以下的小比例，在这个比例下能表达清楚的主要是建筑的轴网，墙体的定位，门窗、洞口、坡道、台阶、雨篷的定位，建筑层高、门窗高度、建筑各个构造部件的标高位置等。 　　在建筑所有构件中，楼梯的构造比较复杂，需要表达清楚每个踏步的尺寸，但在建筑平面图和建筑剖面图中不易表达清楚，一般需要另绘 1∶50 以上的大比例详图。楼梯详图表示楼梯的组成和结构形式，一般包括楼梯平面图，楼梯剖面图和踏步、栏杆、扶手节点详图等。这些图应在后期图纸布局时尽量放置在同一张图纸内，以方便施工人员对照阅读。 　　本项目教学楼项目中，一共有 5 部疏散楼梯，在首层平面绘制时，我们已经进行了编号和详图索引，本任务以 4 号楼梯间为例，一起探讨楼梯间详图设计，其他楼梯的绘制方法同本任务
任务目标	学会楼梯详图中平面图示要求和注释要求
任务要求	请根据任务情境，通过网络资源检索和学习，完成以下任务： （1）添加楼梯各层平面详图； （2）完成楼梯平面详图的注释
任务思考	在一般项目中，是否该建筑的所有楼梯都需要绘制详图？ 是否楼梯的每一层都必须绘制平面详图？
任务实施	（1）添加该楼梯各个楼层平面视图：

项目名称	任务清单内容
任务实施	（2）调整各个平面图的视图设置： （3）添加楼梯平面详图中的尺寸、标高注释：
任务总结	通过完成上述任务，你学到了哪些知识或技能？
实施人员	
任务点评	

楼梯注释如下：

（1）注明楼梯间四周墙的轴线号、墙厚与轴线关系尺寸。

（2）在开间方向应标明楼梯梯段宽、楼梯井宽。

（3）在进深方向应标明休息平台宽，每级踏步宽×（踏步数 –1）= 尺寸数，并标明上下行方向箭头。

（4）标注楼层和休息平台标高及可见门窗高度。

楼梯如图 10-1、图 10-2 所示。

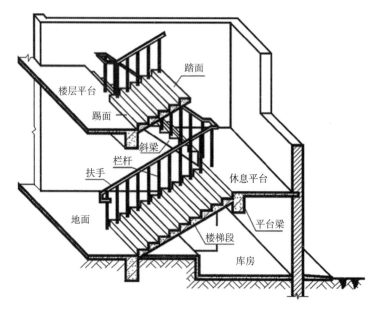

图 10-1　楼梯

○○○
做中学　学中做

一、填空题

1.楼梯一般由_____、_____、_____三部分组成。

2.楼梯平台按位置不同分_____平台和_____平台。

3.根据规范要求，中小学建筑的疏散楼梯，最小宽度为____ mm，最大高度____ mm。

4.梯段改变方向时，扶手转向端处的平台最小宽度不应小于梯段净宽，并不得____ m。当有搬运大型物件的需要时应再适量加宽。

5. 每个梯段的踏步不应超过____级，也不应少于____级。

6. 通常室外台阶的踏步高度为____ mm，宽度为____ mm。

二、判断题

1. 通常情况下，楼梯平台的净宽度应不小梯段的净宽度。　　　　　　（　　　）

2. 楼梯、电梯、自动楼梯是各楼层间的上、下交通设施，有了电梯和自动楼梯的建筑就可以不设楼梯了。　　　　　　　　　　　　　　　　　　　　　　　　（　　　）

三、单选题

1. 在楼梯形式中，不宜用于疏散的楼梯是（　　　　）。

　　A. 直跑楼梯　　　　　　B. 两跑楼梯　　　　　　C. 剪刀楼梯　　　　　　D. 螺旋形楼梯

2. 楼梯的净空高度在平台处通常应大于（　　　）m。

　　A. 1.8　　　　　　　　B. 1.9　　　　　　　　C. 2.0　　　　　　　　D. 2.1

教学视频：楼梯平面详图　　　　　　　知识链接：楼梯平面详图

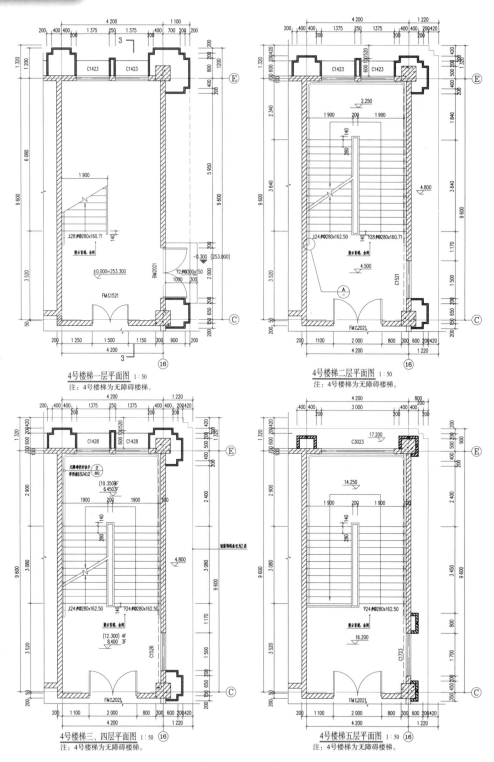

图 10-2　4 号楼梯

任务清单 10-2 绘制楼梯剖面详图和节点详图

项目名称	任务清单内容
任务情境	《民用建筑设计统一标准》（GB 50352—2019）对建筑内部楼梯的上下层平台净高、梯段净高、扶手栏杆高度等都做了相应规定，不同类型建筑的踢面高度也有相应取值范围。但这些信息在建筑平面图中很难表达清楚，需要通过楼梯剖面详图来加以说明。 同时，楼梯平面和剖面中为将细部构造表达清楚，还需要绘制节点详图，如楼梯栏杆、靠墙扶手、护窗栏杆、踏面防滑条等节点
任务目标	掌握楼梯剖面详图的绘制、注释和索引方法
任务要求	请根据任务情境，通过网络资源检索和学习，完成以下任务： （1）楼梯剖面图的绘制和尺寸、标高、文字注释； （2）楼梯节点详图绘制和标准图集索引
任务思考	在楼梯剖面详图中，若楼梯休息平台窗户与楼层圈梁发生冲突，应怎么解决？
任务实施	（1）添加楼梯剖面图： （2）完成标高及尺寸注释： （3）节点构造详图索引： （4）标准图集索引：
任务总结	通过完成上述任务，你学到了哪些知识或技能？
实施人员	
任务点评	

◎◎◎
点睛

剖面图注释如下：

（1）剖面图高度方向所注尺寸为建筑物尺寸。

（2）垂直方向注明楼层、休息平台标高，每级踏步高 × 踏步数 = 尺寸数。

（3）水平方向注明轴号、墙厚、休息平台宽，每级踏步宽 ×（踏步数 −1）= 尺寸数。

（4）应注明各处扶手的高度、形式和节点详图索引。

（5）当平台上有护窗栏杆时，其高度、形式和节点详图索引也应注明。

楼梯剖面图如图 10-3、图 10-4 所示。

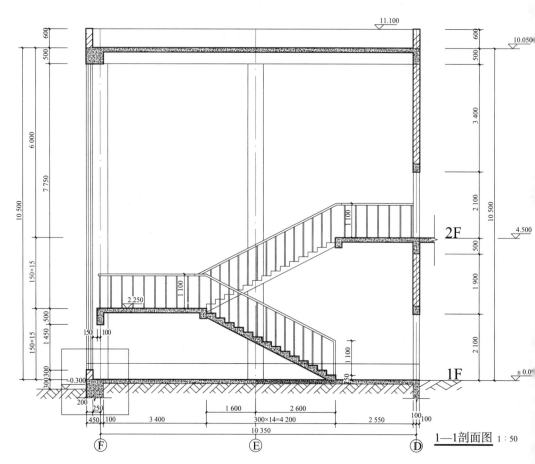

图 10-3　1—1 剖面图

做中学 学中做

一、填空题

1. 楼梯平台上部及下部过道处的净高不应小于＿＿ m。梯段净高不应小于＿＿ m。

2. 托儿所、幼儿园、中小学及少年儿童专用活动场所的楼梯，梯井净宽大于＿＿ m 时，必须采取防止少年儿童攀滑的措施，楼梯栏杆应采用不易攀登的构造。当采用垂直杆件做栏杆时，其杆件间的净距不应大于＿＿ m。

3. 楼梯栏杆扶手的高度是指从踏步前缘至扶手上表面的垂直距离，一般室内楼梯的栏杆扶手高度不应小于＿＿ m。

4. 楼梯踏步表面的防滑处理做法通常是在＿＿＿＿＿＿做＿＿＿＿＿＿。

二、简答题

楼梯平台深度、栏杆扶手高度和楼梯净空高度各有什么规定？

教学视频：楼梯间剖面详图

知识链接：楼梯剖面详图

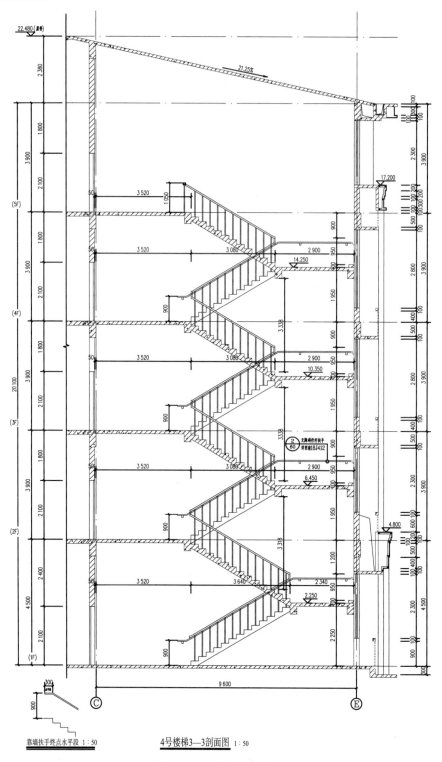

靠墙扶手终点水平段 1：50

4号楼梯3—3剖面图 1：50

图 10-4　4 号楼梯剖面图

任务三 卫生间详图

任务清单 10-3 绘制卫生间详图

项目名称	任务清单内容
任务情境	卫生间的构造和固定设施较复杂，包括厕位、小便斗、洗手盆、烘手器、镜子等，同时还需要做排水组织设计，所以一般情况下都需要单独绘制卫生间详图（图 10-5）
任务目标	绘制完成满足施工图深度要求的卫生间详图
任务要求	请根据任务情境，通过网络资源检索和学习，完成以下任务： 完整绘制本项目中的几个卫生间详图
任务思考	在卫生间详图绘制过程中，需要和给水排水专业的设计师在哪些方面配合？
任务实施	（1）添加卫生间详图视图： （2）卫生间设施设备定位： （3）卫生间设施设备选型及安装做法：

续表

项目名称	任务清单内容
任务实施	（4）卫生间排水组织设计： （5）依照以上实施路径，绘制完成本项目所有卫生间的详图设计：
任务总结	通过完成上述任务，你学到了哪些知识或技能？
实施人员	
任务点评	

教学视频：卫生间详图

知识链接：卫生间详图

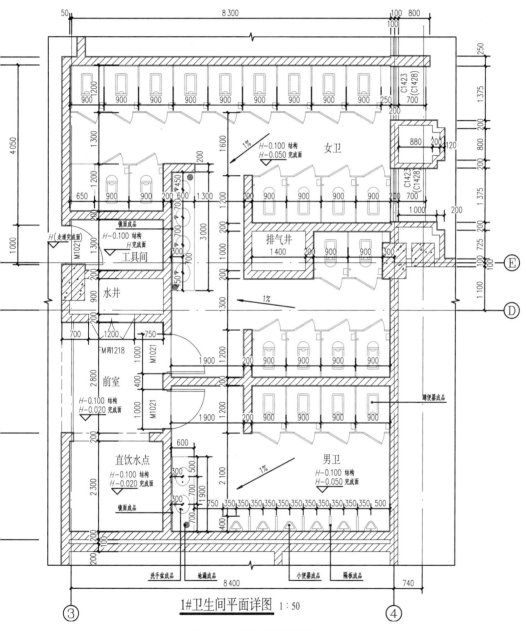

1#卫生间平面详图 1:50

图 10-5 卫生间平面详图

任务四　墙身详图

任务清单 10-4　绘制墙身详图

项目名称	任务清单内容
任务情境	通常情况下，工程做法表中描述的是屋面、楼地面、顶棚、地下室等的标准做法，而墙身详图需要表达的是建筑外墙特殊部位的具体做法和局部尺寸，这些都需要较详细地表达出来，所以理论上建筑的每个材料交接、转折、收口的位置，与不同构造部位的关系都需要画详图大样。 绘制完整的墙身大样，可以从下到上清晰地反映出散水做法、楼地面做法、墙体做法、窗台高度及做法、顶棚做法、屋顶保温层防水层、女儿墙及压顶等，屋面檐口、墙体、地面的施工工艺一目了然。同时，上下拉通的墙身详图也便于结构设计师进行结构设计时统计荷载（图 10-6）。 墙身详图是针对墙身特定区域进行特殊性放大标注，较详细地表示出来。在本项目中，需要在哪些部位绘制出墙身详图？
任务目标	绘制完成满足施工图深度要求的墙身详图
任务要求	请根据任务情境，通过网络资源检索和学习，完成以下任务： （1）选择合适节点，为本项目添加墙身详图视图； （2）完成墙身详图的注释和索引
任务实施	（1）选择节点添加墙身详图视图： （2）整理视图图元以符合出图要求：

项目名称	任务清单内容
任务实施	（3）添加水平尺寸、竖向尺寸、标高注释： （4）引注各个节点的材料及构造做法：
任务总结	通过完成上述任务，你学到了哪些知识或技能？
实施人员	
任务点评	

点睛

墙身详图设计内容如下：

（1）墙身详图一般用 1∶30 以上的大比例绘制，由于比例较大，各部分的构造（如结构层、面层的构造）均应详细表达出来，并画出相应的图例符号。

（2）墙脚：外墙墙脚主要是指一层窗台及以下部分，包括散水（或明沟）、防潮层、墙脚、一层地面、踢脚等部分的形状、尺寸、材料及其构造。

（3）中间部分：主要包括楼板层、门窗过梁、圈梁的形状、大小、材料及其构造情况，还应表示出楼板与外墙的关系。

（4）檐口：应表示出屋顶、檐口、女儿墙、屋顶圈梁的形状、大小、材料及其构造情况。

做中学 学中做

一、填空题

在 BIM 软件中，是在_____视图中添加墙身详图。

二、单选题

1. 墙身详图的常用比例是（　　　）。

　　A. 1∶20　　　　　　　B. 1∶150　　　　　　　C. 1∶100　　　　　　　D. 1∶200

2. 墙身详图的竖向尺寸注释中，不需要标注的是（　　　）。

　　A. 层高　　　　　　　B. 门窗高度　　　　　　C. 坡道总长度　　　　　D. 女儿墙或檐口高度

三、简答题

请简要回答在墙身详图中是否需要表达墙身防潮做法。

教学视频：墙身详图

知识链接：墙身详图

实例图纸

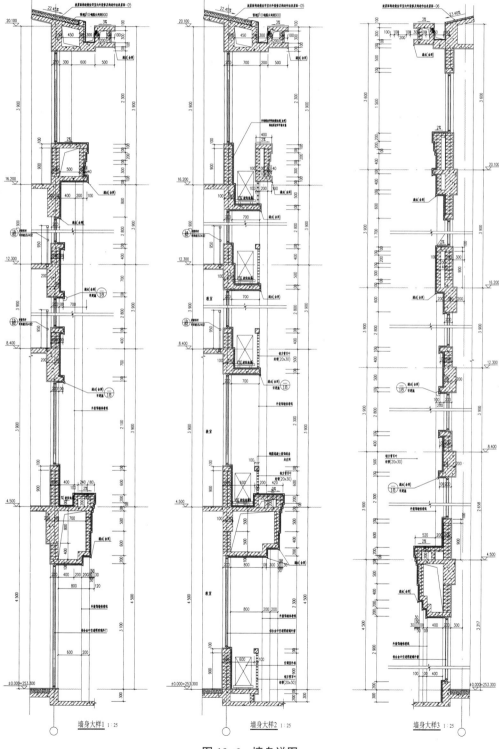

图 10-6 墙身详图

任务五　节点详图

任务清单 10-5　绘制节点详图

项目名称	任务清单内容
任务情境	建筑施工图是用来指导施工的设计图纸。所有图纸的绘制必须以施工人员能够按照图纸建造出符合设计意图的建筑为根本目的；绘图要以表达清楚为准。通常情况下，国内的施工图包含设计说明、工程做法表、总平面图、平面图、立面图、剖面图、卫生间详图、楼梯详图、墙身详图以及门窗详图、门窗表等。 　　为什么需要这些图纸？理论上，如果能够有足够大的图纸将所有信息都反映在平面图、立面图、剖面图上，那么我们只需要画平面图、立面图、剖面图就够了。但现实是一张图纸不可能涵盖所有信息，太大的图纸，施工人员看起来也不方便。所以，绘制施工图实际上是一个比例不断放大、设计逐渐深入的过程。具体到某一节点部位的构造、尺寸、做法、材料和施工要求等，常常需要绘制 1∶20 以上大比例详图。 　　最常见的节点详图表示了女儿墙泛水、檐口、地下室防水、地沟等建筑部位的用料和构造做法。其中，大多可以直接引用或参见相应的标准图集，若有特殊设计，就需要绘制详图。在 BIM（Revit）软件中可以将模型搭建得很详细，直接创建相应的详图视图。但很多时候，不需要将模型创建得太细，以避免耗费太多时间来增加模型工作量，所以在后期详图设计处理中也会运用二维绘图命令来达到出图深度的效果
任务目标	结合 BIM 软件的特点，为本项目绘制节点详图
任务要求	请根据任务情境，通过网络资源检索和学习，完成以下任务： （1）添加节点详图（绘图视图）； （2）导入 CAD 节点详图图纸资源
任务思考	在一般项目中，哪些部位需要单独绘制节点详图？
任务实施	（1）选取需要绘制详图的节点，为本项目添加绘图视图：

续表

项目名称	任务清单内容
任务实施	（2）（以装饰柱为例）绘制节点详图图示内容： （3）添加材料及做法引注：
任务总结	通过完成上述任务，你学到了哪些知识或技能？
实施人员	
任务点评	

教学视频：节点详图

知识链接：节点详图

外墙饰面勾缝如图 10-7 所示。

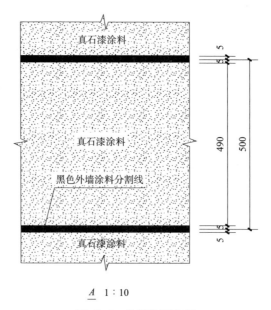

A 1：10

图 10-7　外墙饰面勾缝

任务六　门窗、幕墙详图及门窗表

任务清单 10-6　绘制门窗详图

项目名称	任务清单内容
任务情境	项目施工时，施工人员可以从平面和立面中读出项目的门窗洞口尺寸，但是很难读出门窗的细部构造，无法进行门窗加工。因此，设计师在做施工图设计时，需要通过大比例的门窗详图来加以表达（下图），图面表示出门窗洞口尺寸、门窗分格、开启扇位置及开启方式。 　　门窗详图各地都有标准图集，若一般建筑设计中的门窗采用标准式样，可以直接引用标准图集，注明图集代号、页码、图号。若设计中的门窗采用非标准样式，则需要单独绘制门窗详图。本次基于 BIM 的施工图设计项目，不再需要手动从立面复制相应的门窗，只需要在视图中添加项目中使用的门窗族，再对细部进行注释（图 10-8、图 10-9）
任务目标	绘制本项目的门窗详图
任务要求	请根据任务情境，通过网络资源检索和学习，完成以下任务： 创建门窗图例视图，完整绘制本项目中的门窗详图
任务思考	在门窗详图中，除了在添加的门窗族立面视图中注释分格尺寸等信息之外，还需要添加文字说明吗？
任务实施	（1）添加门窗详图视图：

续表

项目名称	任务清单内容
任务实施	（2）添加门窗族立面样式及详图视图： （3）注释开启线及分格尺寸： （4）绘制轮廓：
任务总结	通过完成上述任务，你学到了哪些知识或技能？
实施人员	
任务点评	

教学视频：门窗详图

知识链接：绘制门窗大样图

实例图纸

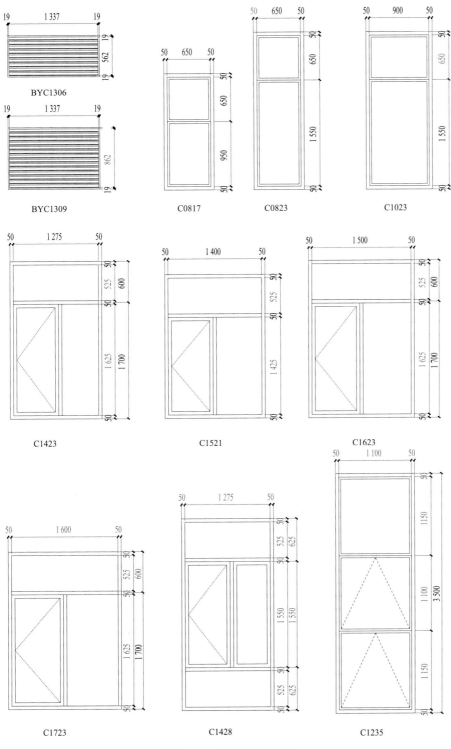

图 10-8　门窗详图（一）

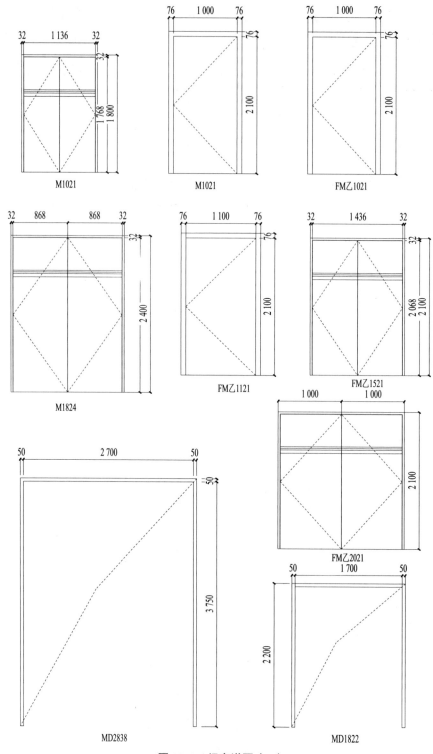

图 10-9 门窗详图（二）

任务清单 10-7 绘制幕墙详图

项目名称	任务清单内容
任务情境	玻璃幕墙赋予建筑最大的特点是将建筑美学、建筑功能、建筑节能和建筑结构等因素有机地统一起来，这使其在形式、性能、结构、材料、制作和安装等方面比一般门窗复杂且严格得多，因此必须由专业厂家进行设计、制作和安装，建筑设计师一般只需要根据建筑外立面方案绘制出幕墙立面详图，提出防火和节能要求（图 10-10）。 　　本教学楼项目的各个主次入口均有玻璃幕墙，因此需要进一步对幕墙立面分格和开启扇位置、材料品质、构造类型等加以说明
任务目标	绘制本项目的幕墙详图
任务要求	请根据任务情境，通过网络资源检索和学习，完成以下任务： 完整绘制本项目中的幕墙详图
任务思考	在幕墙详图中，幕墙与结构构件的关系如何在图纸中表达？
任务实施	（1）添加详图索引： （2）标注幕墙尺寸分格： （3）文字说明：
任务总结	通过完成上述任务，你学到了哪些知识或技能？
实施人员	
任务点评	

教学视频：幕墙详图

知识链接：绘制幕墙大样图

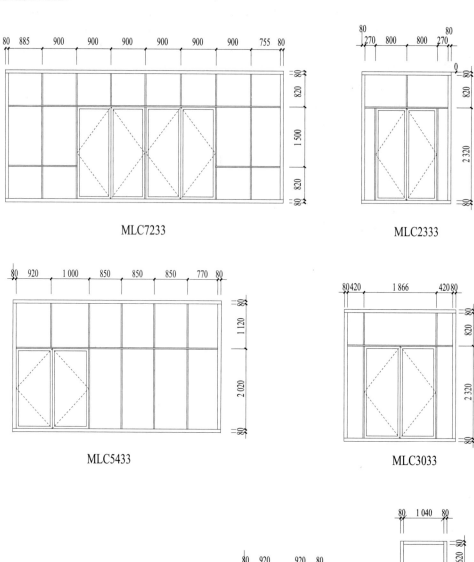

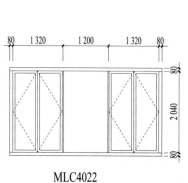

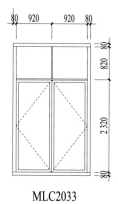

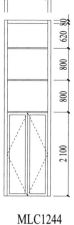

图 10-10　幕墙详图

任务清单 10-8　绘制门窗表

项目名称	任务清单内容
任务情境	《建筑工程设计文件编制深度规定》明确了门窗表及门窗性能等设计要求。因此在项目后期，需要统计出本项目所用门窗数量和材质要求的总表，即门窗表，以便于后期做预算。传统二维绘图软件自动统计门窗表格常有误差，大部分需要设计师手动计数统计，比较耗时、耗力。而 Revit 施工图设计可以自动生成本项目的门窗表格，同时还可以根据需求调整表格列项的主要名目，BIM 软件内称为"字段"
任务目标	生成门窗表
任务要求	请根据任务情境，通过网络资源检索和学习，完成以下任务： 为本项目设置合适字段，生成门窗表格
任务思考	在建筑图纸中，门窗编号有什么特点？请举例说明
任务实施	（1）选取字段： （2）设置表格排序方式： （3）设置表格外观：
任务总结	通过完成上述任务，你学到了哪些知识或技能？
实施人员	
任务点评	

◎◎◎
点睛

门窗编号要点如下：

（1）人防门的编号应与相关标准图编号相对应。

（2）门窗表中所示尺寸应为洞口尺寸，可说明要求生产厂商在制作前应现场测量准确，并根据不同装饰面层，确定门窗的尺寸。当不采用标准图集时应绘制门窗详图，并在设计说明中说明。

（3）洞口尺寸应与平面、剖面及门窗详图中的相应尺寸一致。

（4）门窗编号加脚号的命名规则（如 MC-1、MC-1B）一般用于门窗立面及尺寸相同但呈对称者，或立面基本相同仅局部（多为固定扇）尺寸变化者，也可以是立面相似仅洞口尺寸不同者。

（5）各类门窗应连续编号，尽量避免空号现象。

（6）门窗表外还可加注普遍性的说明，其内容包括门窗立樘位置，玻璃及樘料颜色、玻璃厚度及樘料断面尺寸的确定，过梁的选用、制作及施工要求等。此项内容也可以在门窗详图或设计总说明中交代。

教学视频：门窗表

知识链接：绘制门窗表

实例图纸

门明细表见表 10-1。

表 10-1　门明细表

类型	类型标记	洞口尺寸		标高	防火等级	说明	合计
		宽度	高度				
门嵌板 _ 双开门 3	BM1233			F1		幕墙整体高度	11
FM 丙 1218	FM 丙 1218	1 200	1 800	F1	丙		4
FM 丙 1218	FM 丙 1218	1 200	1 800	F2	丙		3
FM 丙 1218	FM 丙 1218	1 200	1 800	F3	丙		3
FM 丙 1218	FM 丙 1218	1 200	1 800	F4	乙		3
FM 丙 1218	FM 丙 1218	1 200	1 800	F5	乙		3
FM 乙 1021	FM 乙 1022	1 200	2 100	F1	乙		1
FM 乙 1121	FM 乙 1121	1 000	2 100	F1	乙		1
FM 乙 1521	FM 乙 1521	1 100	2 100	F1	乙		1
FM 乙 1521	FM 乙 1521	1 500	2 100	F2	乙		1
FM 乙 1521	FM 乙 1521	1 500	2 100	F3	乙		1
FM 乙 1521	FM 乙 1521	1 500	2 100	F4	乙		1
FM 乙 1521	FM 乙 1521	1 500	2 100	F5	乙		1
FM 乙 2021	FM 乙 2021	2 000	2 100	F1	乙		2
FM 乙 2021	FM 乙 2021	2 000	2 100	F2	乙		5
FM 乙 2021	FM 乙 2021	2 000	2 100	F3	乙		5
FM 乙 2021	FM 乙 2021	2 000	2 100	F4	乙		5
FM 乙 2021	FM 乙 2021	2 000	2 100	F5	乙		5
M1021	M1021	1 000	2 100	F1			13
M1021	M1021	1 000	2 100	F2			8
M1021	M1021	1 000	2 100	F3			8
M1021	M1021	1 000	2 100	F4			8
M1021	M1021	1 000	2 100	F5			8
	M1824			F1			28

类型	类型标记	洞口尺寸		标高	防火等级	说明	合计
		宽度	高度				
M1222	M1824	1 200	2 200	F2			25
M1222	M1824	1 200	2 200	F3			25
M1222	M1824	1 200	2 200	F4			25
M1222	M1824	1 200	2 200	F5			25
MD1822	MD1822	1 800	2 200	F1			1
MD1822	MD1822	1 800	2 200	F2			1
MD1822	MD1822	1 800	2 200	F3			1
MD1822	MD1822	1 800	2 200	F4			1
MD1822	MD1822	1 800	2 200	F5			1
MD2838	MD2838	2 800	3 800	F1			1
MD2838	MD2838	2 800	3 800	F2			1
MD2838	MD2838	2 800	3 800	F3			1
MD2838	MD2838	2 800	3 800	F4			1
MD2838	MD2838	2 800	3 800	F5			1
总计：							239

任务七　编写施工图设计说明

任务清单 10-9　编写施工图设计说明

项目名称	任务清单内容
任务情境	施工图设计过程中，依然有很多内容无法通过图样或符号来表示，如技术标准、质量要求等。它们是建筑施工图设计的纲要，不仅对设计本身起着控制和指导作用，更为施工、审查、建设单位了解设计意图提供依据。因此项目施工时，首先要看的就是设计说明，这样施工人员就能快速知晓项目施工中应注意的问题。 　　设计说明、工程做法和门窗表三类统称为施工图设计说明，但是按照一般设计单位的制图习惯，门窗表一般与门窗详图放置在一张图纸上。因此，本任务主要练习编写设计总说明和工程做法
任务目标	学会施工图设计说明编写
任务要求	请根据任务情境，通过网络资源检索和学习，完成以下任务： （1）编写项目总设计说明； （2）编写项目工程做法
任务实施	简要写出实施过程中各部分的内容。 （1）设计总说明： （2）工程做法：
任务总结	通过完成上述任务，你学到了哪些知识或技能？
实施人员	
任务点评	

点睛

　　设计总说明中的条目与工程做法看似相同，但两者有着本质的区别，设计总说明针对整个工程进行"定性"，而工程做法需针对个别特例进行"定量"。例如：关于建筑防水条目中的屋面与地下室防水设计，设计总说明只需明确"防水等级"和"防水要求"（定性），具体构造和用料（定量）则可在工程做法中表述。同理，对于"室内地沟"，设计总说明中只需交代根据什么选用何种地沟，以及构件选用的荷载等级。工程做法可索引通用详图或另绘图纸表示。

　　应编写完善的框架。编写设计总说明过程中，由于建筑类型的千差万别，设计的建筑材料、技术、法规繁杂，致使"设计总说明"应表示的内容广泛缺乏共性规律。为了提高工作效率，许多设计院都编制了各具特色的"提纲型"模式的"设计总说明"，如有的设计院将设计总说明分列为以下各项：总述、建筑防火、建筑防水、人防工程、建筑节能、无障碍设计、安全防范设计、环保设计、墙体、室内地沟、门窗、玻璃幕墙、金属及石材幕墙、电梯、室内二次装修和其他内容。使用时，首先根据工程实际选择有关项目，然后对其下的条文分别进行填写、编写和取舍（图10-11、图10-12）。

知识链接：编写施工图设计说明

实例图纸

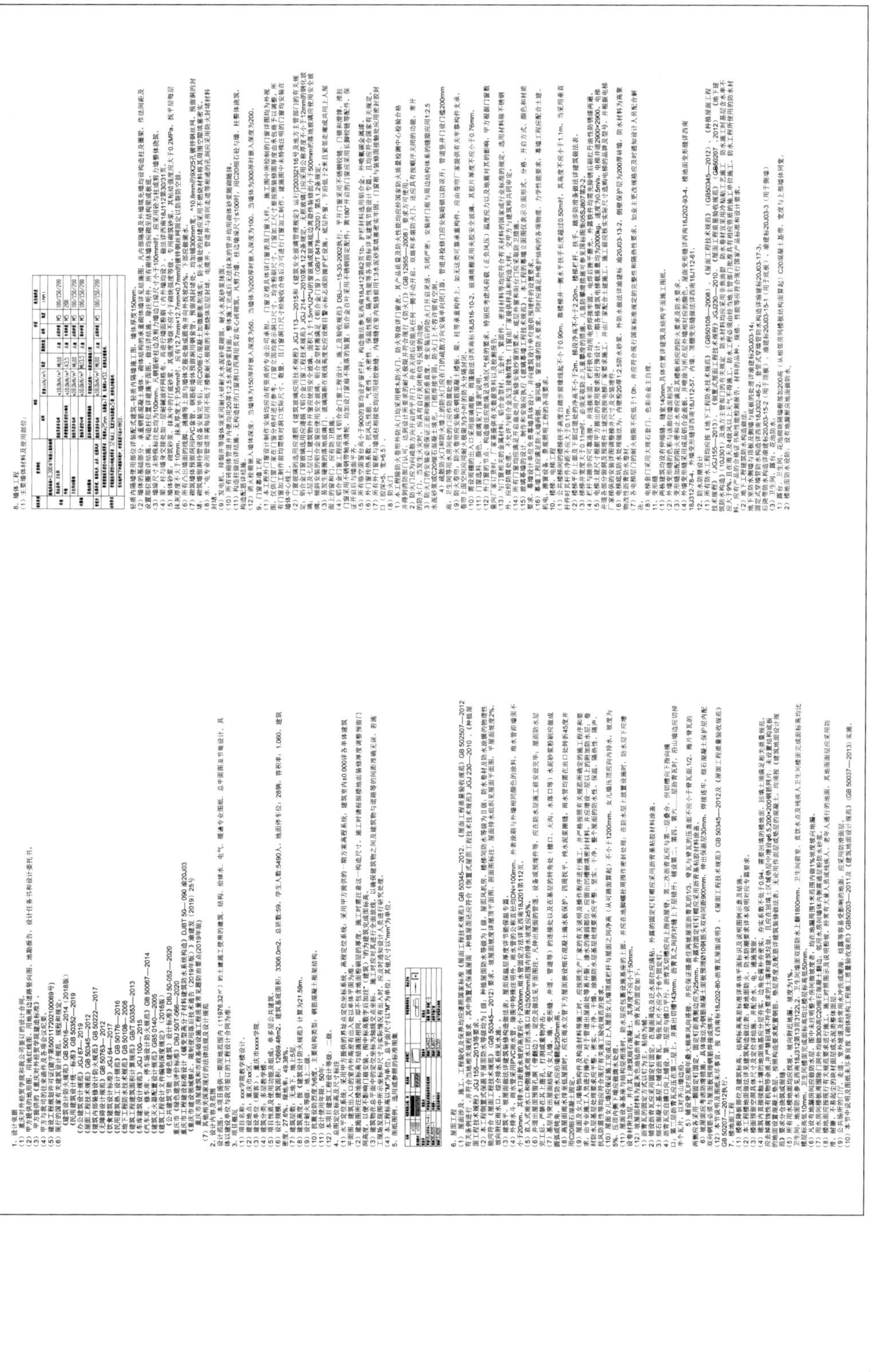

图 10-11　建筑施工图设计总说明一（示例）

建筑施工图设计总说明一

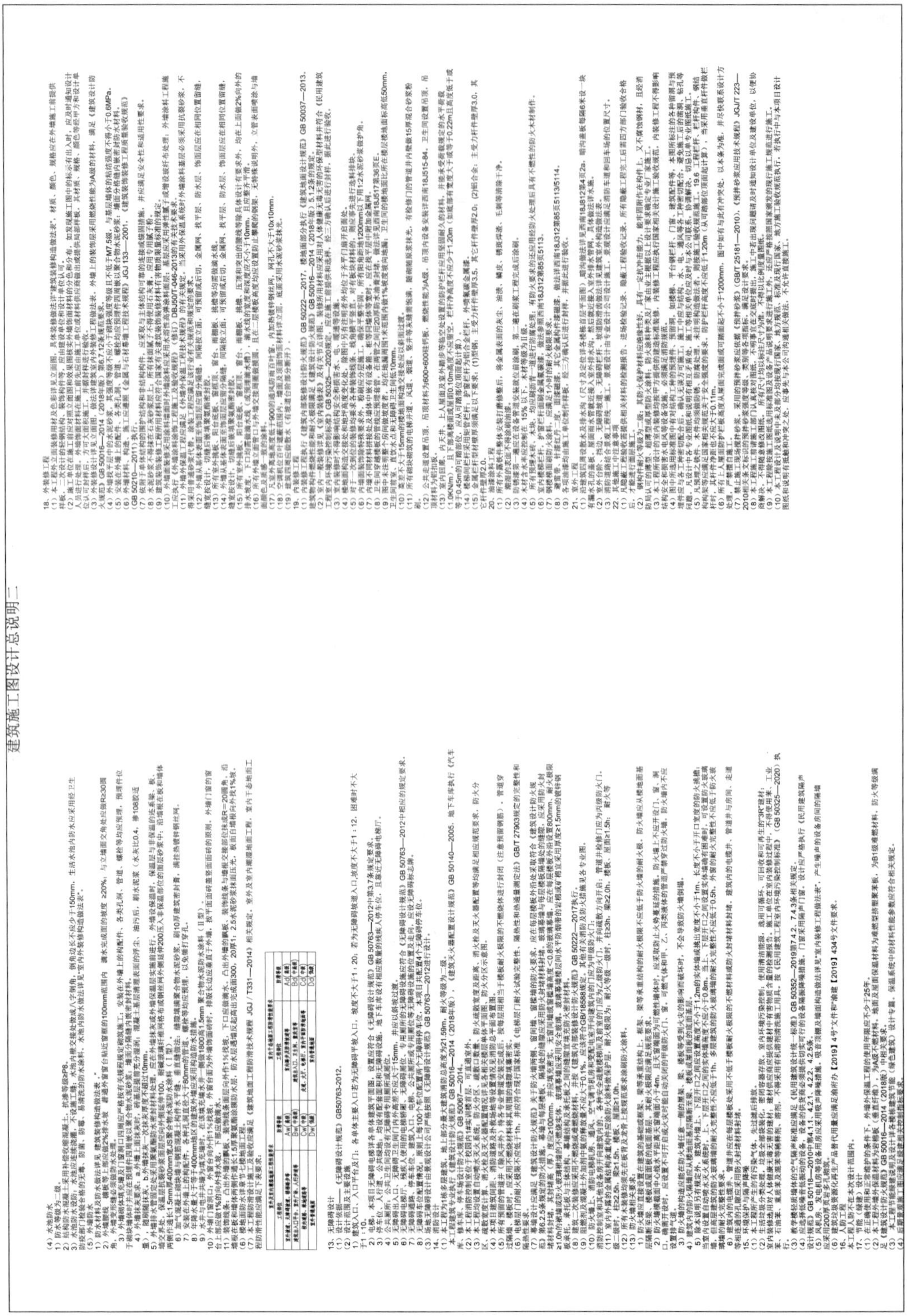

建筑施工图设计总说明二

图18-18 建筑施工图设计总说明二（二例）

模块四
图纸布局与出图

■ 项目十一　布置与打印出图

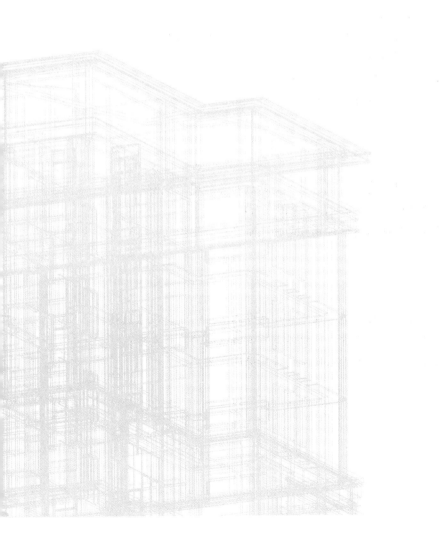

项目十一

布置与打印出图

1.掌握图例视图的创建方法;

2.熟悉图纸的布局,了解标题栏族的创建方法,学会图纸的创建和添加视图的方法;

3.掌握图纸目录创建方法;

4.熟悉 BIM 软件中 CAD 图纸的导出方法和打印方法;

5.了解建筑专业施工图设计审查的要点。

1.能运用所学知识创建图例视图、标题栏族及各种图纸视图;

2.能从软件中导出 CAD 图纸,学会图纸打印方法;

3.能运用建筑专业施工图设计审查的要点审查设计图纸。

1.培养学生温故知新的习惯,以及学生热爱本专业、爱岗敬业的精神;

2.培养学生对工作认真负责、一丝不苟、实事求是的工作态度;

3.培养学生勤于思考、善于钻研、吃苦耐劳的品质。

匠人艺语

警钟长鸣，出图规范，审计从严

2021年7月，江苏某地级市一酒店发生坍塌事故，造成17人死亡、5人受伤，直接经济损失约2 615万元。经查，这是一起涉事酒店在未办理施工许可情况下违法装修、野蛮施工造成的重大生产安全责任事故。

经查，建设单位将事故建筑一楼装饰装修工程设计和施工业务发包给无相应资质的个体建筑公司，施工图设计文件未送审查，在未办理施工许可证的情况下擅自组织开工，改变经营场所建筑的主体和承重结构。设计人员未取得设计师执业资格、未受聘于任何设计单位，在没有真实了解辅房结构形式的情况下，提供了错误的拆墙图纸，并错误地指导了承重墙的拆除作业。

事故发生后，相关责任人虽然都受到了处罚，但灾难已经发生，处罚几个人并不能让死者复生，我们应该从中吸取教训，明白如何才能更好地防范类似事故的再次发生。身为建筑从业者，我们需要牢固树立安全发展的理念，设计施工、出图、审计等各个环节要严格遵守国家法律法规，健全安全生产责任体系，及时发现制止非法违法的建筑行为，这样才可以防范和化解建筑生产过程中的重大安全风险，对社会负责、对自身负责。

任务一　绘制图例

任务清单 11-1　创建图例视图

项目名称	任务清单内容
任务情境	要看懂图纸，必须先认识图例。在建立图纸视图之前，基础建模完成之后，为了更快速地认识图纸，在图纸一侧或一角添加必要的图例说明是非常有必要的。图例有图纸语言的功能，要从图纸上获得信息，熟悉图例是十分有必要的。图例包括总图中对标高、坐标、标注单位等的符号及线型颜色等的说明图例，同时也包括建筑平面图中对标注单位、标高、楼层高度设计等的说明图例，以及详图中对图纸中的各种材料的填充图案加以解释的说明图例
任务目标	掌握图例的制作方法
任务要求	请根据任务情境，完成以下任务： （1）完成总平面图中图例视图的创建； （2）完成平面图中图例创建； （3）完成立面图中图例创建
任务思考	图例创建要注意的事项有哪些？
任务实施	（1）完成总平面图的图例创建： 　　道路坡度 ± 0.000=296.75　　建筑 ± 0.000 标高 113.014　　道路设计标高 　　露天停车场 （2）完成平面图上的图例创建：

项目名称	任务清单内容
任务实施	（3）完成立面图中的图例创建： 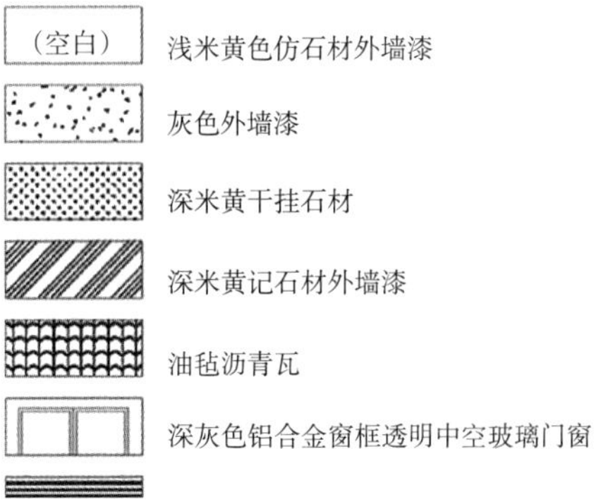 （空白）　浅米黄色仿石材外墙漆 灰色外墙漆 深米黄干挂石材 深米黄记石材外墙漆 油毡沥青瓦 深灰色铝合金窗框透明中空玻璃门窗
任务总结	通过完成上述任务，你学到了哪些知识或技能？
实施人员	
任务点评	

点睛

导入 CAD 图创建图例的方法：

在"插入"选项卡中单击"导入 CAD"按钮，将 CAD 中的图例导入视图，选择导入的 CAD 图例执行"分解"命令，选择文字，在属性的"编辑类型"界面修改文字为"仿宋"字体，数字为"simplex"。

做中学 学中做

简答题

简述图例的创建方法。

教学视频：绘制图例

知识链接：创建图例视图

任务二　创建图纸及布局

任务清单 11-2　图纸的建立及布局

项目名称	任务清单内容
任务情境	完成建筑施工图设计后，接下来准备出图纸。图纸是工程师交流的语言。BIM 中图纸怎么生成？图纸是将模型视图添加到图纸视图中的视图，是设计师的设计成果的表达。图纸视图经过绘图仪或打印机输出就成了工程图纸。而标题栏是图纸的重要组成部分，它可定义图纸的尺寸和外观，因此可将其视为图纸的样板。 　　每个设计院都有自己的标题栏样板
任务目标	熟悉制图标注中有关标题栏的规定； 掌握从 CAD 图纸中导入标题栏及完善标题栏的方法； 掌握图纸的建立及布局的方法
任务要求	请根据任务情境，通过网络课程的学习，完成以下任务： （1）按照制图要求创建教学楼项目的图纸标题栏； （2）按照要求建立教学楼平面图、立面图、剖面图及总平面图，并按照要求完成图纸布局
任务思考	Revit 中标题栏怎么创建？
任务实施	1. 创建标题栏。 （1）阅读制图标准，了解 A1 图纸的标题栏的具体尺寸及内容： （2）在标题栏族中创建 A1 图纸标题栏，修改线条、文字：

项目名称	任务清单内容
任务实施	（3）添加标题栏中需要的标签： （4）添加标签参数及工程中没有的共享参数： 2. 创建图纸。 （1）根据创建图纸的步骤创建一层平面图图纸： （2）制作视图标题族：

项目名称	任务清单内容
任务实施	（3）将教学楼视图标题族应用到项目中，并修改"图纸上的标题"的属性值为"一层平面图"： （4）在"图纸"的属性中按要求编制相关属性： 3.按照以上方法，将总图、平面图、立面图、剖面图及所有详图设计，按照从全局到局部的顺序，按视图比例布置于图纸中。
任务总结	通过完成上述任务，你学到了哪些知识或技能？
实施人员	
任务点评	

◎◎◎
点睛

标签的创建步骤如下：

（1）在标题栏族编辑器中，执行"创建"选项卡的"文字"面板中的"标签"命令。

（2）在"图形"窗口中单击"选择参数"按钮。从"参数"栏列表中选择参数名称，随后在"值"栏中为项目的这个参数设置一个值，单击"确定"按钮。

（3）标签将出现在图形窗口中，并带有两个拖曳和旋转控制柄。移动拖曳控制柄以设置标签文字的最大宽度。当将注释族载入项目并提供替代文字值时，文字将按照使用拖曳控制柄在此设置的宽度进行包络。

◎◎◎
做中学 学中做

一、单选题

1. A1 的图幅大小为（　　　）。

　A. 841 mm × 1 189 mm
　B. 594 mm × 841 mm
　C. 420 mm × 594 mm
　D. 297 mm × 420 mm

2. 图纸装订边的宽度为（　　　）mm。

　A. 35　　　　　　B. 30　　　　　　C. 25　　　　　　D. 20

3. 标题栏外框线的宽度为（　　　）mm。

　A. 1.4　　　　　B. 1　　　　　　C. 0.7　　　　　D. 0.37

二、简答题

简述标签的创建步骤。

教学视频：标题栏的制作

教学视频：图纸的创建

知识链接：图纸的建立及布局

任务三　创建图纸目录

任务清单 11-3　图纸目录的创建方法

项目名称	任务清单内容
任务情境	创建完成平面图、立面图、剖面图和详图后，便可以编制图纸目录了，图纸目录有时也称"首页图"，意思就是第一张图纸。当拿到一套图纸后，首先要查看图纸目录，因为图纸目录可以帮助我们了解图纸的总张数、图纸专业类别及每张图纸所表达的内容，使我们可以迅速地找到所需要的图纸。 　　图纸目录是施工图纸的明细和索引。图纸目录应分专业编写，建筑、结构、水电和暖通等专业应分别编制各自的图纸目录，并且新绘图纸在前，标准引用图在后
任务目标	掌握图纸目录的编制方法
任务要求	请根据任务情境，完成以下任务： 创建教学楼建筑施工图的图纸目录
任务思考	创建明细表的方法是什么？
任务实施	（1）创建图纸目录明细表： （2）创建放置目录的图纸，并添加目录：
任务总结	通过完成上述任务，你学到了哪些知识或技能？
实施人员	
任务点评	

做中学 学中做

多选题

图纸目录中一般可以看到（　　　）。

A. 图纸标号　　　　B. 图纸名称　　　　C. 图幅　　　　　　D. 项目名称

教学视频：图纸目录的创建

知识链接：图纸目录的创建方法

任务四　导出 CAD 图纸及打印

任务清单 11-4　CAD 图纸的导出及打印

项目名称	任务清单内容
任务情境	在创建完成教学楼的平面图、立面图、剖面图和图纸目录之后，就可以开始准备导出 CAD 图纸。为了保证导出的 CAD 图纸符合规范要求，在导出 CAD 图纸之前，应在 BIM 中对图层、填充图案等进行设置
任务目标	熟悉 CAD 图纸的导出方法； 了解图纸的打印方法
任务要求	请根据任务情境，完成以下任务： （1）完成教学楼的图纸导出； （2）了解图纸的打印方法
任务思考	图纸导出之前怎么设置图层？使用"图案填充"功能是否能在 CAD 中二次修改填空图案？
任务实施	（1）导出 CAD 图纸： （2）进行图纸打印设置：
任务总结	通过完成上述任务，你学到了哪些知识或技能？
实施人员	
任务点评	

教学视频：**CAD 图纸的导出及打印**

知识链接：**CAD 图纸的导出及打印**

任务五　建筑专业施工图设计审查的要点

任务清单 11-5　建筑专业施工图设计审查的要点

项目名称	任务清单内容
任务情境	在导出 CAD 图纸之后，为了控制工程造价，克服和防止预算超概算，加强固定资产投资管理，合理使用建设资金，合理确定和控制施工承包合同价，积累和分析各项技术经济指标及不断提高设计水平，根据要求审查图纸是非常必要的。 　　施工图审查的主要内容包括行政性审查和技术性审查两个方面
任务目标	完成教学楼图纸设计审查
任务要求	请根据任务情境，完成以下任务： 根据建筑专业施工图设计的要点审查教学楼设计图纸
任务思考	建筑专业施工图设计审查应注意哪些内容？
任务实施	（1）编制依据审查： （2）规划要求审查： （3）施工图深度审查： （4）强制性条文审查：

续表

项目名称	任务清单内容
任务实施	（5）建筑设计基本规定审查： （6）建筑设计重要内容审查： （7）建筑防火审查： （8）国家及地方法令、法规审查：
任务总结	通过完成上述任务，你学到了哪些知识或技能？
实施人员	
任务点评	

做中学 学中做

一、单选题

1.施工图深度审查的内容包括（　　　　）。

    A.设计说明基本内容　　　　　　　　　　B.图纸基本要求

    C.建筑设计基本规定　　　　　　　　　　D.防水设计基本规定

2.临空的窗台低于（　　　　）m 时，应采取防护措施。

    A.0.5　　　　　　B.0.6　　　　　　C.0.8　　　　　　D.0.9

3.外窗窗台距楼地面的净高小于（　　　　）m，应采取防护措施。

    A.0.8　　　　　　B.0.9　　　　　　C.1　　　　　　D.1.1

4.根据《民用建筑设计统一标准》（GB 50352—2019），楼梯每个梯段的踏步不应超过（　　　　）级，也不少于（　　　　）级。

    A.16，3　　　　　B.18，3　　　　　C.16，4　　　　　D.18，4

5.根据《住宅建筑规范》（GB 50368—2005），楼梯踏步宽度不应小于（　　　　）m，踏步高度不应大于（　　　　）m。

    A.0.25，0.18　　　B.0.26，0.175　　　C.0.26，0.18　　　D.0.25，0.175

6.根据《地下工程防水技术规范》（GB 50108—2008），地下防水工程应分为（　　　　）级。

    A.二　　　　　　B.三　　　　　　C.四　　　　　　D.五

7.根据《屋面工程质量验收规范》（GB 50207—2012），二级屋面防水卷材选用高聚物改性沥青防水卷材，设防道数为（　　　　）道。卷材厚度不应小于（　　　　）mm。

    A.二，3　　　　　B.三，3　　　　　C.二，1.2　　　　D.三，1.2

8.根据《无障碍设计规范》（GB 50763—2012），残疾人使用的楼梯与台阶宽度设计要求应符合公共建筑梯段宽度不应小于（　　　　）m。

    A.1　　　　　　B.1.2　　　　　　C.1.5　　　　　　D.1.8

9.根据《中小学校设计规范》（GB 50099—2011），计算机教室的最小净高应为（　　　　）m。

    A.3　　　　　　B.3.05　　　　　　C.3.1　　　　　　D.4.5

二、简答题

1.编制依据审查的内容包括哪些?

2. 根据《住宅设计规范》(GB 50096—2011）的规定，在哪些情况下必须设置电梯？

知识链接：建筑专业施工图设计审查的要点

◎◎◎
实例全真图纸

教学项目方案设计图纸

教学项目施工图图纸成果参考

民用建筑工程建筑施工图设计深度图样

参 考 文 献

1 ］中国建筑标准设计研究院 . 民用建筑工程建筑施工图设计深度图样（09J801）［ M ］. 北京：中国建筑标准设计研究院，2005.

2 ］中南建筑设计院股份有限公司 . 建筑工程设计文件编制深度规定［ M ］. 北京：中国建材工业出版社，2016.

3 ］建筑设计资料集编委会 . 建筑设计资料集（1）［ M ］. 2 版 . 北京：中国建筑工业出版社，2015.

4 ］中国建筑西北研究院，建设部建筑设计院，中国泛华工程有限公司设计部 . 建筑施工图示例图集［ M ］. 北京：中国建筑工业出版社，2000.

5 ］黄鹢 . 建筑施工图设计［ M ］. 2 版 . 武汉：华中科技大学出版社，2009.

6 ］华夫荣，赵霁欣，卢誉心，等 . 建筑施工图设计技术措施指导手册［ M ］. 北京：中国建筑工业出版社，2021.

7 ］黄亚斌，徐钦 . 公共建筑施工图设计［ M ］. 北京：中国水利水电出版社，2011.

8 ］吴大江 . 基于 BIM 技术的装配式建筑一体化集成应用［ M ］. 南京：东南大学出版社，2020.

9 ］刘孟良 . 建筑信息模型（BIM）Revit Architecture 2016 操作教程［ M ］. 长沙：中南大学出版社，2016.

10 ］孙成群 . 建筑工程设计编制深度实例范本（建筑智能化）［ M ］. 北京：中国建筑工业出版社，2019.

11 ］柏慕培训组织 . Autodesk Revit Architecture 2011 建筑施工图设计实例详解［ M ］. 北京：中国建筑工业出版社，2011.

12 ］中国建筑标准设计研究院 . 民用建筑工程设计常见问题分析及图示——建筑专业（05SJ807）［ M ］. 北京：中国计划出版社，2006.

13 ］谈小华 . 建设工程施工图设计审查技术问答［ M ］. 北京：中国建筑工业出版社，2008.

14 ］建设部工程质量安全监督与行业发展司 . 2003 全国民用建筑工程设计技术措施：规划·建筑［ M ］. 北京：中国计划出版社，2003.

15 ］中华人民共和国住房和城乡建设部 . GB/T 50001—2017 房屋建筑制图统一标准［ S ］. 北京：中国建筑工业出版社，2018.

16 ］中华人民共和国住房和城乡建设部 . GB/T 50104—2010 建筑制图标准［ S ］. 北京：中国建筑工业出版社，2011.

17 ］中华人民共和国住房和城乡建设部 . GB 50352—2019 民用建筑设计统一标准［ S ］. 北京：中国建筑工业出版社，2019.

18 ］中华人民共和国住房和城乡建设部 . GB 50016—2014 建筑设计防火规范（2018 年版）［ S ］. 北京：中国计划出版社，2015.